"十三五"江苏省高等学校重点教材

U0623355

BIOLOGICAL SEPARATION EXPERIMENTAL TECHNIQUES

生物分离实验技术

第二版

胡永红　宫长斌　谢宁昌　主编

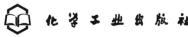

化学工业出版社

·北京·

内容简介

《生物分离实验技术》第二版在生化分离关键分离技术原理与方法的基础上,全力打造前沿性与交互性的多媒体数字教材体系。通过提供直观的实验标准操作过程,以提升学习的便捷性与可视化程度,此外,本次修订新增植物细胞生理活性物质的提取与检测、质粒DNA的分离与鉴定两个实验,为学生提供最新的实验技术和更广的实践空间,培养学生的综合实验能力与创新思维。

本书为国家级规划教材《生物分离原理及技术》(第四版)配套实验教材,可作为生物工程、生物技术专业的实验教材,也可供相关实验技术人员参考使用。

图书在版编目(CIP)数据

生物分离实验技术 / 胡永红,宫长斌,谢宁昌主编.
2版. -- 北京:化学工业出版社,2025.9. --("十三
五"江苏省高等学校重点教材). -- ISBN 978-7-122
-48591-5

Ⅰ. Q81-33

中国国家版本馆 CIP 数据核字第 202526V25A 号

责任编辑:赵玉清　　　　　文字编辑:周　偶
责任校对:边　涛　　　　　装帧设计:刘丽华

出版发行:化学工业出版社
　　　　　(北京市东城区青年湖南街 13 号　邮政编码 100011)
印　　装:大厂回族自治县聚鑫印刷有限责任公司
787mm×1092mm　1/16　印张 9　字数 220 千字
2025 年 7 月北京第 2 版第 1 次印刷

购书咨询:010-64518888　　　售后服务:010-64518899
网　　址:http://www.cip.com.cn
凡购买本书,如有缺损质量问题,本社销售中心负责调换。

定　　价:29.80 元　　　　　版权所有　违者必究

第二版前言

　　《生物分离实验技术》第一版出版以来得到了相关专业师生的认可，其新型生物分离实验技术的应用拓展，紧扣本学科前沿和发展方向的教学内容，内容翔实的实验仪器操作方法，丰富的实验插图照片，使学生对实验的操作过程形成更直观的认识。由江苏省教学名师胡永红教授领衔的教学团队，将包括国家技术发明奖、江苏省科学技术奖在内的二十五年科研成果凝练成大型综合实验，工业化生产实践模块，使学生既能掌握基础实验操作，又能接触工业化生产实践。

　　近年来，随着生物分离技术的快速迭代与数字化技术的深度渗透，本次修订着重突出技术前沿性与数字教学交互性，构建符合新时代实验教学需求的多媒体数字教材体系。本次修订配套开发部分实验操作视频，通过扫描二维码即可观看实验标准件操作过程。同时，教材还增加了植物细胞生理活性物质的提取与检测、质粒 DNA 的分离与鉴定两个实验，在引入新技术的同时，进一步完善本教材内容体系。

　　本书编者来自国家级精品课程组和国家级实验教学示范中心，具备丰富的实验教学经验。本书编写分工如下：胡永红和宫长斌统筹编写教材和视频制作等工作。曾杨负责实验1～10、实验22、实验26、实验28的正文修订及本书第一部分单元实验数字资源编撰；周慧敏负责实验11～20、实验24、实验25、实验27的正文修订及本书第二部分综合实验数字资源编撰；俞仪阳、于鸣洲、施绘程、姚忠、吴菁岚等教师负责实验21、实验23的正文编撰；应汉杰、姜岷、谢宁昌等教师负责校验与审定，谢寒宵教师承担资料收集工作。

　　限于编者的专业视野，书中难免存在亟待完善之处，诚盼国内外同行在本教材使用过程中批评指正。

　　编者谨识

编者

南京工业大学

目 录

参考文献/ 138

第一部分　单元实验

实验 1　超声波破碎辅助提取薰衣草精油

1　实验目的

1.1　了解利用超声波辅助萃取提取精油的方法。

1.2　学习并掌握薰衣草花精油的提取方法和操作过程。

2　实验原理

薰衣草（*Lavender*）是唇形科薰衣草属多年生植物，是世界上使用最广泛的芳香植物之一。

薰衣草精油是从薰衣草属植物花、叶、茎中提取分离得到的具有挥发性的油状液体，具有杀菌、镇静、催眠等多种生理作用，广泛应用于化妆品、食品添加剂等领域。

提取精油的方法有压榨法、水蒸气蒸馏法和有机溶剂萃取法，以及超声波破碎辅助提取、超临界萃取和微波辅助水蒸气蒸馏等。本实验采用超声波破碎辅助提取法。

超声波是一种频率在 20kHz 以上的声波，是一种机械振动在媒质中的传播过程，具有聚束、定向、反射、投射等特性。超声波提取法是应用超声波强化提取植物的有效成分，是一种物理破碎过程。超声波辅助提取的机制包括机械机制、热学机制及空化机制。超声波提取的空化作用是：存在于提取液中的微气泡（空化核）在声场作用下振动，当声压达到一定值时，气泡迅速增长，然后突然闭合，在气泡闭合时产生激波，在波面处造成很大压强梯度，因而产生局部高温高压，温度可达 5000K 以上，压力可达上千大气压，将植物细胞壁打破，香料得以浸出，从而提高提取率。另外，超声波次级效应，如机械振动、乳化、扩散、击碎、化学效应等，也能加速提取成分的扩散、释放并与溶剂充分混合而利于提取。选择合理的声学参数，使萃取液达到最大空化状态，才能获得良好的提取效果。该法最大的优点是提取时间短、温度较低、收率高。

3　实验器材

3.1　KQ-100VDB 型双频数控超声波清洗器：昆山市超声仪器有限公司（图 1.1）。

3.2　N-101 型旋转蒸发仪：上海爱朗仪器有限公司（图 1.2）。

3.3　SHZ-D(Ⅲ) 循环水式真空泵：巩义市英峪予华仪器厂（图 1.3）。

3.4　国家标准检验筛：绍兴市上虞纱筛厂。

3.5　DHG-9140A 型电热恒温干燥箱：上海一恒科学仪器有限公司。

图 1.1　超声波清洗器　　　　　图 1.2　旋转蒸发仪　　　　　图 1.3　循环水式真空泵

3.6　FA2004 电子天平：上海天平仪器厂。

3.7　XJA-100A 型高速粉碎机：上海标本模型厂。

3.8　100mL 锥形瓶，100mL 烧杯，100mL 量筒，250mL 平底烧瓶，250mL 抽滤瓶。

4　实验试剂

薰衣草干花。

正己烷：分析纯。

5　实验操作

5.1　准备工作：薰衣草干花用高速中药粉碎机粉碎，过 40 目筛。

5.2　提取：称取 5g 已粉碎过筛的薰衣草干花粉末，于 100mL 烧杯内，按料液比 1∶15 加入正己烷 75mL，充分浸润后置于超声波容器内。超声处理条件：超声功率为 80W，超声温度为 50℃，超声时间 45min 结束后取出冷却至室温。

5.3　回收正己烷：组装好布氏漏斗和抽滤瓶，将已冷却至室温的固液混合物进行抽滤。收集滤液，置于 500mL 圆底烧瓶（旋转蒸发仪上使用的烧瓶，并且事先称好质量为 M_1）中，在 -0.80MPa 和 40~45℃条件下进行旋转 2h，蒸发浓缩到小体积，回收溶剂。

5.4　干燥称重：抽滤得到的粗品放入 120℃的电热鼓风干燥箱中 15min，干燥，除尽溶剂，取出冷却后称重 M_2。

准确称取质量，重复 3 次，取平均值。

6　实验记录、计算与实验结果

烧瓶质量 M_1/g	所得薰衣草精油和烧瓶总质量 M_2/g	薰衣草干花的质量 M/g

$$薰衣草油的得率 = (M_2 - M_1)/M \times 100\%$$

式中　M_1——圆底烧瓶的质量，g；

　　　M_2——圆底烧瓶和薰衣草油的质量，g；

　　　M——薰衣草干花的质量，g。

7　思考题

7.1　本实验设计中，超声波提取薰衣草精油得油率的主要影响因素有哪些？

7.2　提取过程中，如果超声温度过低或者过高，对实验结果会产生什么影响？

7.3　提取过程中，如果超声时间过短或者过长，对实验结果会产生什么影响？

8　注意事项

精油出油率受超声时间影响，随着超声时间的延长，精油在正己烷中的溶解度增加，同时加热时间过长也会造成热敏性物质损失。所以在实验过程中应注意控制超声及加热的时间。

实验2　黄芩中黄芩苷的提取

1　实验目的

1.1　掌握高速离心机的使用方法和原理。

1.2　掌握离心技术提取黄芩苷的方法。

2　实验原理

中药提取液成分复杂，既有有效成分，又有无效成分（黏液质、鞣质、淀粉、树脂、果胶等），前者分子量较小，一般在 1000 以下，后者分子量较大，一般在 50000 以上，它们共同形成 1~100nm 的胶体分散体系。从动力学观点看，胶体粒子的布朗运动及其带电性（以负电荷为主）导致胶体溶液建立沉淀平衡的时间较长，平衡后因胶体浓度梯度很小可使胶体溶液暂时保持稳定；从热力学观点看，胶体分散体系自身存在巨大的表面能，为热力学不稳定体系，胶体粒子自发向吉氏函数减小的方向逐渐聚集而具有沉降趋势。

高速离心法是以离心机为主要设备，通过离心机的高速旋转，离心加速度超过重力加速度成千上万倍，物体在高速旋转中受到离心力的作用而沿旋转切线脱离，其本身的重力、旋转速度、旋转半径不同，从而所受的离心力也不同，在旋转条件相同的情况下，离心力与质量成正比。中药制剂采用离心分离法进行分离是利用药液中各成分的密度差异，借助于离心机的高速旋转产生不同离心力使提取液中的大分子杂质沉降速度增加，杂质沉淀加速并被分离的一种方法。

一般在制剂生产中，遇到含水量较高、含不溶性微粒的粒径较小或黏度很大的滤液，或需将几种密度不同且不相混溶的溶液混合物分开，而且其他方法难以实现时，可考虑选用离心机进行分离。

在黄芩苷提取工艺中，由于黄芩苷提取液难抽滤，使用离心技术能明显提高黄芩苷提取效率。

3　实验器材

3.1　烧杯：500mL，两只；容量瓶：100mL，两只；离心管：100mL，两支。

3.2　GT10-1 型高速离心机：北京时代北利离心机有限公司（图 2.1）。

3.3　FA2004 电子天平：上海天平仪器厂。

3.4　UV-1600 型紫外可见分光光度计：上海美谱达仪器有限公司（图 2.2）。

3.5　XJA-100A 型高速粉碎机：上海标本模型厂。

3.6　DHG-9140A 型电热恒温干燥箱：上海一恒科学仪器有限公司。

图 2.1　GT10-1 型高速离心机　　　　图 2.2　UV-1600 型紫外可见分光光度计

4　实验试剂

4.1　黄芩药材。

4.2　50％乙醇溶液：无水乙醇与蒸馏水按 1∶1 体积混匀。

4.3　浓盐酸：分析纯试剂。

4.4　pH 指示剂：pH1.2～2.8 酸性指示剂，pH5.8～8 中性指示剂。

5　实验操作

视频　黄芩中
黄芩苷的提取

5.1　准备工作：黄芩药材置于 60℃ 干燥箱内烘干 4h，用高速中药粉碎机粉碎。

5.2　提取：用电子天平称取黄芩粉末 50g。将黄芩粉末转移至圆底烧瓶中，加 8 倍量水，煮沸 3h。用纱布滤去药渣，得到滤液。

5.3　离心：趁热将滤液倒入 2 支离心管中，用托盘天平进行平衡后，用管式离心机离心，调节转速 4000r/min，时间 20min，留上清液。

5.4　酸沉：将上清液倒入烧杯中，放置在水浴锅里保持 80℃，滴加浓盐酸调至 pH2。在水浴锅中继续保温 1h。

5.5　离心：趁热将液体倒入 2 支离心管中，用托盘天平进行平衡后，用管式离心机离心，调节转速 4000r/min，时间 20min。留沉淀物。

5.6　干燥：沉淀物用 50％乙醇洗涤至 pH 7.0。沉淀物经干燥即得黄芩苷粗产品。用电子天平称量，记录产品质量。

5.7　黄芩苷含量测定：精确称取实验所得黄芩苷粗产品 50mg，用 50％乙醇溶液溶解定容于 100mL 容量瓶。用干燥滤纸过滤，弃去初滤液，吸取续滤液 2.5mL 于 100mL 容量瓶中，用 50％乙醇定容，按照紫外分光光度计使用方法，于最大吸收波长 278nm 波长处测吸光率。重复三次，编号依次Ⅰ、Ⅱ、Ⅲ，取三次实验数据平均值（表2.1）。

表 2.1　黄芩苷含量计算

实验编号	Ⅰ	Ⅱ	Ⅲ
吸光度			
吸光度平均值 x			
黄芩苷含量 y /%			

6　实验记录、计算与实验结果

根据吸光度-浓度回归方程：

$$y = 0.064x - 0.0102$$
$$r^2 = 0.9982$$

计算得出对应浓度，按下式计算黄芩苷含量：

黄芩苷含量＝[对应浓度(mg/mL)×100×40]/样品重(mg)×100%

7　思考题

7.1　在实验操作过程中，加酸沉淀的原理是什么?

7.2　影响黄芩苷提取效率的因素有哪些?

7.3　高速离心机的使用有哪些注意事项?

8　注意事项

8.1　黄芩苷为葡萄糖醛酸苷，在酸性条件下黄芩苷分子被还原析出，故而pH值大小对黄芩苷提取率有较大影响，调节pH值时小心操作。

8.2　浓盐酸易挥发，取用时要注意通风，小心操作，防止溅洒。如果触及皮肤，立即用水冲洗或送医院治疗。

8.3　应严格按照操纵规程操作高速离心机。2支离心管放入离心机前，一定要确保质量相等。在升速期间，如高速离心机出现不正常的振动，则不能继续升速，须停机检查。

实验 3　凝胶过滤色谱法分离纯化酸性磷酸酯酶

1　实验目的

1.1　掌握凝胶色谱的基本原理。

1.2　掌握利用凝胶色谱法分离纯化蛋白质的实验技能。

2　实验原理

本实验利用豆芽中提取的酸性磷酸酯酶粗酶溶液，利用凝胶色谱的方法进行分离。然后利用磷酸苯二钠为底物，经过酸性磷酸酯酶作用，水解以后即生成酚和无机磷。其反应式如下：

$$C_6H_5-O-\overset{\overset{O}{\|}}{\underset{ONa}{P}}-ONa + H_2O \xrightarrow{\text{酶}} C_6H_5-OH + Na_2HPO_4$$

用 Folin-酚法测定产物酚或用定磷法测定无机磷来检测酸性磷酸酯酶的活力。

凝胶色谱又称凝胶过滤，是一种按分子量大小分离物质的色谱方法。该方法是把样品加到凝胶颗粒的色谱柱中，然后用缓冲液洗脱。大分子不能进入凝胶颗粒中的静止相中，只留在凝胶颗粒之间的流动相中，因此大分子能以较快的速度首先流出色谱柱；而小分子则能自由出入凝胶颗粒中，并很快在流动相和静止相之间形成动态平衡。因此，这个过程就要花费较长的时间流经柱床，从而使不同大小的分子得以分离（图 3.1）。

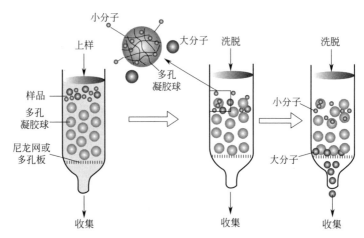

图 3.1 凝胶过滤原理图

凝胶过滤柱色谱所用的基质是具有立体网状结构、筛孔直径一致，且呈珠状颗粒的物质。这种物质可以完全或部分排阻某些大分子化合物于筛孔之外，而对某些小分子化合物则不能排阻，但可让其在筛孔中自由扩散、渗透。任何一种被分离的化合物被凝胶筛孔排阻的程度可用分配系数 K_{av}（被分离化合物在内水和外水体积中的比例关系）表示。K_{av} 值的大小与凝胶床的总体积（V_t）、外水体积（V_o）及分离物本身的洗脱体积（V_e）有关，即：

$$K_{av} = (V_e - V_o)/(V_t - V_o)$$

在限定的色谱条件下，V_t 和 V_o 都是恒定值，分离物分子量越大，K_{av} 值越小；分离物分子量越小，则 K_{av} 值增大。

V_e（洗脱体积）为某一成分从加入样品算起，到组分的最大浓度（峰）出现时所流出的体积。V_e 随溶质的分子量的大小和对凝胶的吸附等因素有关。一般分子量较小的溶质，它的 V_e 值比分子量较大的溶质要大。通常选用蓝色葡聚糖-2000 作为测定外水体积的物质。该物质分子量大（为 200 万），呈蓝色，它在各种型号的葡聚糖凝胶中都被完全排阻，并可借助其本身颜色，采用肉眼或分光光度仪检测（210nm 或 260nm 或 620nm）洗脱液体积

（即 V_o）。但是，在测定激酶等蛋白质的分子量时，不宜用蓝色葡聚糖-2000 测定外水体积，因为它对激酶有吸附作用，所以有时用巨球蛋白代替。V_o 为色谱柱内凝胶颗粒之间隙的总容积，称外水体积。V_i 为色谱柱内凝胶内部微孔的总容积，称内水体积，$V_i = V_t - V_o$。测定内水体积（V_i）的物质，可选用硫酸铵、N-乙酰酪氨酸乙酯，或者其他与凝胶无吸附力的小分子物质。

K_{av} 是判断分离效果的一个重要参数。当某种成分的 $K_{av} = 0$ 时，意味着这一成分完全被排阻于凝胶颗粒的微孔之外而最先被洗脱出来，即 $V_e = V_o$。当某种成分的 $K_{av} = 1$ 时，意味着这一成分完全不被排阻，它可以自由地扩散进入凝胶颗粒内部的微孔中，而最后被洗脱出来，即 $V_e = V_t$。介于两者分子量之间的物质，其 $0 < K_{av} < 1$，在中间位置被洗脱。可见，K_{av} 的大小顺序决定了被分离物质流出色谱柱的顺序。

葡聚糖凝胶有不同的型号，用于分离不同分子量大小的物质。本实验采用葡聚糖凝胶 Sephadex G-75 作固相载体，可分离分子量范围在 2000～70000 之间的多肽与蛋白质。

3　实验器材

3.1　仪器：色谱装置（色谱柱、恒流泵、自动部分收集器、紫外检测器、记录仪）（图 3.2），上海沪西仪器厂生产，1 套/组。

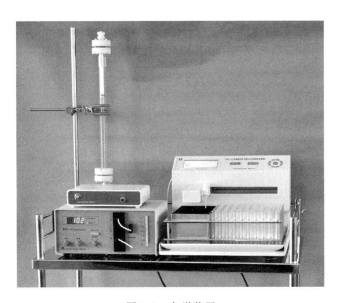

图 3.2　色谱装置

3.2　100mL 量筒：1 个/组。

3.3　500mL 烧杯：1 个/组。

3.4　10mm×100mm 试管：20 根/组。

3.5　吸管：1 个/组。

3.6　玻璃棒：1 支/组。

4　实验试剂

4.1　葡聚糖凝胶 Sephadex G-75（图 3.3）：50g。

4.2 酸性磷酸酯酶粗酶溶液 10mL，可由豆芽中提取。

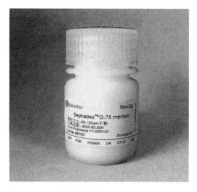

图 3.3 葡聚糖凝胶 Sephadex G-75

5 实验操作

5.1 葡聚糖凝胶 Sephadex G-75 干粉的预处理：取葡聚糖凝胶 Sephadex G-75 干粉，加蒸馏水在沸水浴中溶胀 3h（新购买的 Sephadex G-75 干粉也可用蒸馏水室温充分溶胀一天），该步骤可杀死细菌和霉菌，并可排出凝胶内气泡。溶胀过程中注意不要剧烈搅拌，以防颗粒破碎。待溶胀平衡后搅匀溶液，待凝胶沉降后，倾泻倒去上层清液除去不易沉下的细小颗粒，最后凝胶经减压抽气除去气泡，即可准备装柱。

5.2 装柱与平衡：装柱前须将凝胶上面过多的溶液倾出，取洁净的玻璃色谱柱垂直固定在铁架台上，垂直装好，关闭出口。在柱中注入洗脱液（约 1/3 柱床高度），然后在搅拌下，将浓浆状的凝胶连续倾入柱中，使之自然沉降，待凝胶沉降 2～3cm 后，打开柱的出口，调节合适的流速，使凝胶继续沉降，待沉降的胶面上升到离柱的顶端约 5cm 处时停止装柱，关闭出水口。装柱要求连续、均匀、无气泡、凝胶不能分层。将洗脱剂与恒流泵相连，恒流泵出口端与色谱柱相连。以 0.9% 的氯化钠为流动相，以 0.75mL/min（ϕ1.6cm 柱）或 0.5mL/min（ϕ1.0cm 柱）的速度开始洗脱，用 1～2 倍床体积的洗脱液平衡，使柱床稳定。平衡 1h。然后在凝胶表面上放一片滤纸或尼龙滤布，以防将来在加样时凝胶被冲起，并始终保持凝胶上端有一段液体。

5.3 凝胶柱总体积（V_t）的测定：平衡完毕后，测定凝胶柱床的高度，计算柱床总体积 V_t（凝胶柱直径为 1cm 或 1.6cm）。

5.4 V_o 的测定：打开出水口，使残余液体降至与胶面相切（但不要干胶），关闭出水口。用细滴管吸取 0.2mL（4mg/mL）蓝色葡聚糖-2000，小心地绕柱壁一圈（距胶面 2mm）缓慢加入，打开出水口（开始收集），等溶液渗入胶床后，关闭出水口，用少许洗脱液冲洗 2 次，待渗入胶床后，再在柱上端加满洗脱液，开始洗脱，作出洗脱曲线。收集并量出从加样开始至洗脱液中蓝色葡聚糖-2000 浓度最高点（肉眼观察）的洗脱液体积即为 V_o。

蓝色葡聚糖-2000 洗脱完毕后，还要用洗脱液继续平衡 1～2 倍床体积（实验中平衡 1h），以备下步实验使用。

5.5 上样、洗脱：将柱中多余的液体流出，使液面刚好盖过凝胶，关闭出口。用移液管吸取 1mL 酸性磷酸酯酶粗酶（原酶液，未稀释）溶液小心地加到凝胶床上，打开出水口，待样品完全进入凝胶后，加少量洗脱液冲洗柱内壁 2 次，待液体完全流进床内后，关闭出水口。在柱上端加满洗脱液，打开恒流泵，开始洗脱收集，5min 一管。用紫外分光光度计测定各管收集液的 OD_{280} 值，如吸光值较大，可适当稀释。以洗脱体积为横坐标、OD_{280} 值为纵坐标绘出蛋白质的洗脱曲线。

5.6 酚标准曲线的制作：按照表 3.1 的要求，向各试管中依次加入酚标准应用液、乙酸盐缓冲液、碳酸钠溶液和福林试剂。680nm 波长处读取各管的吸光度 A_{680}。

表 3.1

管号 项目	1	2	3	4	5	0
0.4mmol/L 酚标准应用液/mL	0.1	0.2	0.3	0.4	0.5	0
0.2mol/L 的 pH5.6 的乙酸盐缓冲液/mL	0.9	0.8	0.7	0.6	0.5	1
1mol/L 碳酸钠溶液/mL				5		
福林-酚试剂/mL				0.5		
摇匀,在 35℃保温显色 10min						

画图：以加入酚标准溶液的体积（mL）为横坐标、A_{680} 为纵坐标绘出酚溶液的浓度与吸光值的标准曲线。

5.7 取不同出峰时间的蛋白质溶液，检测酸性磷酸酯酶的活性。如果有 N 个待测样品，取 $N+1$ 支试管，编号 1～N、0，将 0 号试管作为空白，测定 1～N 号试管在 680nm 处的光吸收值。详细的加样顺序和操作见表 3.2。

表 3.2

管号 项目	1	…	N	0
5mmol/L 磷酸苯二钠溶液/mL	0.5	0.5	0.5	0.5
35℃预热 2min				
酶液(35℃预热过的,一加入就计时)/mL	0.5	0.5	0.5	0
摇匀,35℃精确反应 10min 后立即各加入 1mol/L 碳酸钠溶液 5mL(终止反应用)				
福林-酚稀溶液/mL	0.5	0.5	0.5	0.5
0 号试管加入酶液 0.5mL				
摇匀,35℃保温显色 10min 以上				
OD₆₈₀				

冷却后以 0 号管作空白，在可见光分光光度计上 680nm 波长处读取各管的吸光度 OD_{680}。以洗脱体积为横坐标、OD_{680} 值为纵坐标绘出酸性磷酸酯酶蛋白质的洗脱曲线。

5.8 凝胶柱的处理：一般凝胶柱经过使用后，反复用蒸馏水（2～3 倍床体积）通过柱即可。如若凝胶有颜色或比较脏，需用 0.5mol/L NaOH-0.5mol/L NaCl 洗涤，再用蒸馏水洗。冬季一般可存放 2 个月，若无长霉情况可继续使用，但在夏季如果不经常使用，需要加 0.02％的叠氮化钠防腐。

6 实验记录、计算与实验结果

绘制洗脱曲线：以洗脱体积为横坐标、OD 值为纵坐标，在坐标纸上绘出酸性磷酸酯酶蛋白质的洗脱曲线。

7 思考题

7.1 某样品中含有 1mg A 蛋白质（M_r 10000Da）、1mg B 蛋白质（M_r 30000Da）、4mg C 蛋白质（M_r 60000Da）、1mg D 蛋白质（M_r 90000Da）、1mg E 蛋白质（M_r

120000Da），采用 Sephadex G-75（排阻上下限为 2000～70000Da）凝胶柱色谱，请指出各蛋白质的洗脱顺序。

7.2　利用凝胶色谱法分离混合样品时，怎样才能得到较好的分离效果？

7.3　怎样计算各种蛋白质的相对含量？

8　注意事项

8.1　在装柱过程中需要注意的有以下几点：垂直放置，防止产生气泡，防止柱分层；柱上表面要平，平衡柱时间要长一些，让凝胶充分沉降为均一的柱床。

8.2　加样前打开出口，使展开剂流出，至正好露出凝胶上平面时，立即关闭出口。

8.3　加样时，用滴管缓缓沿柱内壁旋转加入柱内。

实验 4　磷酸三丁酯萃取乳酸

1　实验目的

1.1　掌握萃取的原理和磷酸三丁酯萃取乳酸的方法。

1.2　了解生化传感分析仪的原理。

1.3　测定乳酸发酵液-磷酸三丁酯萃取体系中乳酸分配系数和萃取率。

2　实验原理

萃取是利用物质在两种互不相溶（或微溶）的溶剂中溶解度或分配系数的不同，使物质从一种溶剂内转移到另外一种溶剂中的提取方法。经过反复多次萃取，可以将绝大部分的该物质提取出来。

乳酸具有较强的亲水性，萃取剂一般采用正丁醇、三正辛基氧化膦、磷酸三丁酯以及胺类物质等。本实验以磷酸三丁酯为萃取剂，从乳酸发酵液中萃取乳酸。

乳酸分配系数（D）公式定义如下：

$$D = \frac{\text{乳酸在有机相中的平衡质量浓度（g/L）}}{\text{乳酸在水相中的平衡质量浓度（g/L）}}$$

乳酸萃取率的计算式如下：

$$\text{乳酸萃取率} = \frac{\text{乳酸在有机相中含量}}{\text{发酵液中乳酸总含量}} \times 100\%$$

3　实验器材

3.1　回旋式振荡器，HY-5A 型（图 4.1），江苏省常州市金坛区岸头科辉仪器厂。

3.2　生化传感分析仪，SBA-40C 型（图 4.2），山东省科学院。

3.3　取样器：5mL，北京青云卓立精密设备有限公司生产。

3.4　梨形分液漏斗：60mL。

3.5　试管：20mL。

3.6　吸管：10mL。

图 4.1 HY-5A 型回旋式振荡器

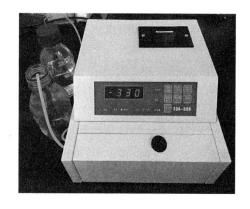

图 4.2 SBA-40C 型生化传感分析仪

4 实验试剂

4.1 磷酸三丁酯（TBP），分析纯。

4.2 乳酸发酵液。

4.3 甲苯（稀释剂），分析纯。

4.4 标准氢氧化钠溶液，分析纯。

5 实验操作

5.1 取样：取磷酸三丁酯和乳酸发酵液各 10mL，放入洁净的试管中。

5.2 平衡：将试管放入回旋式振荡器，振荡 20min 后取出，将液体倒入 60mL 梨形分液漏斗。

5.3 分液：将分液漏斗静置，使两相分离后，放出下层水相。将分液漏斗中的有机相倒入干净的烧杯中。

5.4 测定：分别取有机相和水相的稀释液体 $25\mu L$，注入 SBA-40C 型生化传感分析仪反应池中，分别测定有机相和水相中乳酸的含量，并测定发酵液中乳酸含量，计算分配系数和萃取率。

5.5 将上述萃取后的水相再加入磷酸三丁酯 10mL，按上述 5.2～5.4 操作重复一次，并再计算分配系数和萃取率。

6 实验记录、计算与实验结果

分配系数和萃取率按上述原理中公式计算。

7 思考题

7.1 萃取操作的 pH 值对分配系数有什么影响？

7.2 增加萃取次数，萃取率有什么变化？

7.3 影响分配系数的因素有哪些？

8 注意事项

8.1 实验应在恒定的室温条件下进行。

8.2 实验相比为 1:1。

8.3 发酵液应用蒸馏水稀释 100 倍，再取样测定。

8.4 样品经稀释后（要求 pH 在 6~8），由定量进样针吸取 $25\mu L$，并注入反应池。

8.5 标准液为：100mg/dL 谷氨酸、100mg/dL 葡萄糖、50mg/dL 乳酸混合标准液。

8.6 SBA-40C 型生化传感分析仪操作说明

8.6.1 测定前的准备

8.6.1.1 缓冲剂的准备：配好缓冲剂后，将缓冲剂与仪器的管道接通。

8.6.1.2 接通电源。

8.6.1.3 检查仪器各部件连接是否妥当。

8.6.1.4 把标准液倒入一自备的带盖小瓶，溶解好缓冲液，接好管道，并检查无误后开机。

8.6.1.5 打开仪器开关。仪器将自动完成一次清洗程序，然后就可以进样测定分析。

8.6.2 酶膜安装

8.6.2.1 将反应池排空后取出电极，把电极头部原有的酶膜取下，将电极表面清理干净，保证电极头上没有异物后，在电极头上滴上缓冲液，确保电极表面充满液体，将新酶膜的表面放在电极头上并压入电极的塑料套内（应保证其内无气泡，膜也不能有大的皱褶；酶膜的中心应紧贴白金电极），再在酶膜的外面滴一滴缓冲液，再把电极重新装好。

8.6.2.2 膜圈的安装是有方向性的，不得安反。

8.6.2.3 正确的安装必须保证电极头部的白金表面与膜紧贴，否则结果不易重复，响应变慢，清洗后显示屏数字不易恢复到测定前的状态。

8.6.2.4 安装好的酶膜圈尽可能不再取下，否则内膜层可能剥离。

8.6.2.5 酶膜一经安装好，应立即开机并在非自动零状态下注意观察屏幕上数字变化的情况：屏幕数字在不进样时总是从大到小地连续变化，恢复到装膜前的状态需要 24h；有时会从 +4095 开始，很快地下降，有时会在 +4095 停留一段时间，然后再缓慢下降；若仪器的自然零点低于 +4095，这时候可以进标准液，则会看到酶膜的活性会随着零点的下降而逐步变高，直到趋于稳定。一般半小时到 2h 之间酶膜活性能趋于稳定，但高精度的测定要在 24h 后才能表现出来。

8.6.2.6 出现下列情况时，刚安装的膜圈应取下并经检查后重新安装。

（1）运行操作时，信号忽高忽低，经判断是膜和电极之间有气泡。

（2）安装膜后，经约半小时后，发现测定值太低或无响应，应取下膜检查反应池内是否有旧膜，若有则取出来，并用镊子尖轻擦白金表面，检查电极白金头表面是否沾了一层旧内膜。

8.6.2.7 膜圈运行超过 1 天后，不得再取出重装。

8.6.2.8 装膜前，必须加一滴缓冲液在电极表面，然后再放上酶膜。

8.6.2.9 不论进行何种情况的补救处理，电解质溶液都应加在电极表面。

8.6.3 操作指南

8.6.3.1 进样操作技术：本进样器最大进样量为 $50\mu L$，正常操作每次进样量为 $25\mu L$，取样时应先压下针杆，将进样器内空气排净，把针头插入样品中，缓缓地向上抽拉针杆到一定刻度，如 $25\mu L$。注意管内不应带有气泡，进样时，把进样针插入进样口内，再将管内的样品注入样品室，然后将进样器抽出。

使用进样器应注意以下问题：

（1）吸取样品时针头内不应带有气泡，若针头未完全浸在液面下，管内就会吸入空气而产生气泡。

（2）用进样器吸取下一个不同的样品前，应该先用蒸馏水清洗两次，然后再用样品清洗一至两次，然后用滤纸擦干针尖外的液体。否则，针头内外及管壁仍残存有极少量的样品，会产生测定误差。

（3）进样过程中，不应发生漏液现象，否则影响结果的准确性。

（4）进样器用完后要用蒸馏水至少清洗两次，防止针头堵塞。

（5）进样器是很精密的器件，不要随便玩弄，来回空抽，以免破坏其气密性。

（6）进样器不用时要洗净放入盒内，以免损坏。正确的取样技术以及进样操作的熟练程度，对于数据的正确性均有重要影响，必须予以重视。

8.6.3.2　日常操作检查：如果仪器的电源在分析测定前一直处于切断状态或电极插头未插在插座上，在进行下述检查前应使仪器有一段稳定时间。

（1）检查供液瓶内缓冲液容量是否充满，不要使用过期的缓冲液，在更换缓冲液时先将瓶子用蒸馏水冲洗干净，晾干再加入缓冲液。配好的缓冲液可在室温放置二周左右不失效。

（2）倒空废液瓶，废水管接好。

（3）准备一个干燥洁净的带盖子小杯子倒入标准液，蒸发会改变谷氨酸、葡萄糖等标准液的浓度。

（4）准备一小杯蒸馏水以备清洗进样器，同时准备一空杯子装废液。准备少量吸水纸以擦干针尖。

（5）检查仪器所有管道接口有无漏水现象。如有，应予以排除。

8.6.4　操作注意事项

8.6.4.1　新接通电源，或新安装酶膜后，开机后，当处在非自动零状态时，会发现显示屏信号处在一个较大的数值状态（最大的显示值为+4095），并缓慢下降，这是正常的电极极化现象，应耐心等待 1~2h。正常状态下，开机后在非自动零状态，屏幕的显示值在（-200，+100）范围，立即可以进入正常运行。

8.6.4.2　仪器正常运行时，当室温变化较大时（如冬天取暖设备在白天开启后），应稍加热缓冲液使之与室温平衡。

8.6.4.3　仪器暂时不用时，可按动"开关"键使"待机"灯亮，这时仪器的搅拌电机不工作，仪器处于准备状态。不要切断电源，这样酶膜能得到保养，并可以随时开机使用。在待机状态，每 1h 仪器会自动冲洗一次。

8.6.4.4　缓冲液的供应不能中断，否则样品室会充满空气使酶膜迅速变质。

8.6.4.5　当样品稀释后葡萄糖或谷氨酸浓度大于 150mg/dL 时，样品要再进行稀释后重新测定。

8.6.4.6　当"进样"绿灯亮后才可将样品注入反应池，如不等"进样"灯亮就注入样品，由于清洗泵仍在工作的缘故，样品将被清除；或进样光传感器没有收到进样信号，20s 后不采数。

8.6.4.7　第一个样品在分析时（即"反应"灯亮时），不可再注入第二个样品，否则会出现错误的结果。

8.6.5　分析测定：SBA-40 C 型的分析测定操作规程按以下程序进行。

8.6.5.1　开机，自动清洗一次。

8.6.5.2　进样灯（绿灯）亮并闪动，且当屏幕处于自动零状态的 0 值时，把吸取好的

25μL 标准样品注入进样口。

8.6.5.3 20s 反应结束后,仪器自动开始定标,屏幕显示设定的标值,并自动清洗反应池,但不打印结果。

8.6.5.4 反复按 8.6.5.1~8.6.5.2 要求测定标准样品,当仪器稳定后,即前后两针的结果相对误差小于 1% 时,仪器便自动定好标,标志是进样灯(绿灯)一直亮但不闪动。

8.6.5.5 被测定的样品应预先稀释到适当的倍数,然后用与标准样品相同的方式进行测定。屏幕直接显示数值是最后的测定结果。

8.6.5.6 同一样品测定三针或三针以上,再进行统计,可以得到更准确的统计值。

实验 5 反胶团萃取柚皮苷

1 实验目的

1.1 掌握反胶团萃取法的原理。

1.2 熟悉常用的反胶团萃取体系。

1.3 了解柚皮苷的药理作用。

2 实验原理

反胶团萃取(reversed micellar extraction)是近年发展起来的分离和纯化生物物质的新方法。反胶团是表面活性剂分子在非极性溶剂中自发形成的聚集体。其中,表面活性剂分子的亲水基向内、非极性的疏水基朝外,形成球状的极性核,核内溶解一定数量的水后,形成了宏观上透明均一的热力学稳定的微乳状液,微观上恰似纳米级大小的微型"水池"。这些"水池"可溶解某些蛋白质,使其与周围的有机溶剂隔离,从而避免蛋白质的失活。通过改变操作条件,又可使溶解于"水池"中的蛋白质转移到水相中,这样就实现了不同性质蛋白质间的分离或浓缩。胶团是表面活性剂分子在极性溶剂中形成的一种亲水基团朝外,而疏水基团朝内的具有非极性内核的多分子聚集体。与此相反,反胶团是表面活性剂分子在非极性溶剂如某些有机溶剂中形成的一种亲水基团朝内,而疏水基团朝外的具有极性内核的多分子聚集体。反胶团的内核可以不断溶解某些极性物质,而且还可以溶解一些原来不能溶解的物质,因此具有二次增溶作用。

反胶团萃取体系具有制备简便、稳定性和选择性高、电位缓冲能力强、可回收、操作条件温和且流程少等优点,并能有效防止大分子失活、变性。其正向萃取物可同时逆向富集并能有效维持功能性大分子的活性,因此广泛应用于蛋白质、活性酶、核酸、类黄酮及金属离子等物质分离提取。

反胶团萃取法是一种新型、高效的生物活性物质分离技术,其突出优点是:

(1)有很高的萃取率和反萃取率;

(2)分离和浓缩同时进行,过程简单;

(3)溶剂可反复使用,成本低;

(4)易于放大和实现工业化生产。

柚子是我国一大水果资源,柚皮苷为柚子中主要的黄酮成分。现代药理学研究发现柚皮苷具有多种生物活性和药理作用，如抗氧化、抗突变、抗肿瘤、抑菌、改善微循环、降低毛细血管的脆性等。柚皮苷的提取方法主要有热水浸提法、碱提酸沉法和有机溶剂提取法。本实验进行反胶团萃取柚皮苷。

柚皮苷

3 实验器材

3.1 722 紫外/可见光分光光度计：上海光谱仪器有限公司。

3.2 HHS 电热恒温水浴锅、HY-2 型调速多用振荡器：上海博讯实业有限公司。

3.3 89HW-1 恒温磁力搅拌器：浙江乐成电器厂。

3.4 BS-200S 电子天平：北京赛多利斯天平有限公司。

3.5 DHG-9075A 型电热恒温鼓风干燥箱：上海一恒科技有限公司。

3.6 普瑞系列可调移液器（1～5mL）：北京拜尔迪生物技术有限公司。

3.7 TDL-40B-Ⅱ 低速大容量离心机（图 5.1）：上海安亭科学仪器厂。

3.8 PHS-3C 型 pH 计、FA1004N 电子分析天平：上海精密科学仪器有限公司。

图 5.1 TDL-40B-Ⅱ
低速大容量离心机

4 实验试剂

4.1 AOT(丁二酸-2-乙基己基酯磺酸钠)。

4.2 异辛烷。

4.3 柚皮苷标准品（＞98％）。

4.4 氢氧化钠，AR。

4.5 盐酸，AR。

4.6 硝酸钾，AR。

4.7 无水乙醇，AR。

4.8 硝酸铝，AR。

4.9 柚皮，无病虫害的柚皮，在 45℃ 左右下干燥至水分含量 0.5％ 以下，粉碎后用 20 目的筛网过筛，待用。

5 实验操作

5.1 柚皮苷的分析检测：紫外分光光度法。

5.1.1 检测波长的选择：吸取柚皮苷标准品水溶液适量，置于 100mL 容量瓶中，加蒸馏水稀释至刻度，以水为参比，在 200～400nm 波长内进行

视频 反胶团
萃取柚皮苷

紫外扫描柚皮苷的紫外吸收光谱，结果显示在 282nm 处有最大吸收。

5.1.2 标准曲线的绘制：精密称取 0.50g 80℃ 干燥至恒重的柚皮苷标准品，置于 100mL 容量瓶中，加水稀释至刻度，作为母液。精密移取柚皮苷标准品母液 0.5mL、1.0mL、1.5mL、2.0mL、2.5mL、3.0mL，分别置于 25mL 容量瓶中，加水稀释至刻度，以水为参比测其吸光度。并用 Excel 绘制标准曲线。

5.2 柚皮苷提取液制备：称取 10.0g 柚皮粉末，加入 100mL 水，在恒温水浴锅中提取，维持 50℃约 30min，并搅拌，趁热用 300 目筛网过滤，得柚皮苷提取液，收集滤液，静置 2h，取上清液测柚皮苷的浓度 C_0（g/L）。

5.3 萃取和反萃取试验

5.3.1 萃取实验：将 0.2220g 的 AOT 加入 10mL 异辛烷溶液中，摇匀，使其均匀分布于有机相，得到澄清透明的反胶团系统。准确吸取 1.0mL 柚皮苷提取液加入到 10mL 的 0.2mol/L 的 KCl 溶液中，并调 pH 至 4.0，构成水相。将反胶团相和水相置于 100mL 带塞三角瓶中，在振荡器中振荡 10min（250r/min）后，倾入离心管离心（3500r/min，5min），使液体分相。取上层有机相于 282nm 处测光密度，根据标准工作曲线，求出柚皮苷浓度 C_1，按式(5.1)计算萃取率 R。

$$R = C_1/C_0 \times 100\% \tag{5.1}$$

式中 C_0——萃取前柚皮苷的浓度，g/L；

     C_1——萃取后柚皮苷的浓度，g/L；

     R——柚皮苷的萃取率。

5.3.2 反萃取试验：用去离子水配制 pH10、0.5mol/L 的 KCl 溶液 10mL 作为反萃取水相，与萃取试验得到的有机相混合，于振荡器中振荡 10min 后，倾入离心管离心（3500r/min，5min），用吸管小心地将两相分开，下层水相即为纯化的柚皮苷。

6 思考题

6.1 萃取 pH 值和反萃取 pH 值对柚皮苷的反胶团萃取有怎样的影响？

6.2 反胶团萃取有哪些应用？

6.3 在反胶团萃取中，常见的表面活性剂有哪些？各有何特点？

实验 6 CO_2 超临界萃取葛根中葛根素

1 实验目的

1.1 掌握 CO_2 超临界萃取的原理。

1.2 熟悉 CO_2 超临界萃取的装置及操作。

1.3 了解葛根素的药理作用。

2 实验原理

超临界流体萃取是国际上最先进的物理萃取技术，简称 SFE（supercritical fluid extraction）。在较低温度下，不断增加气体的压力时，气体会转化成液体，当压力增高时，液体的体积增大，对于某一特定的物质而言总存在一个临界温度（T_c）和临界压力（p_c），萃取完成后，逐渐降低设备的压力和温度，使超临界流体逐渐转变为气态。待萃取缸内压力恢复正常，取出萃取物。提取完成后，及时清洁装置，确保干净无残留物质。定期进行维护和保养，延长使用寿命。在临界点以上的范围内，物质状态处于气体和液体之间，这个范围之内的流体称为超临界流体（SF）。超临界流体具有类似气体的较强穿透力及类似于液体的较大密度和溶解度，具有良好的溶剂特性，可作为溶剂进行萃取、分离单体。

超临界流体萃取是近代化工分离中出现的高新技术，SFE 将传统的蒸馏和有机溶剂萃取结合一体，利用超临界 CO_2 优良的溶剂力，将基质与萃取物有效分离、提取和纯化。SFE 使用超临界 CO_2 对物料进行萃取。超临界 CO_2 具有类似气体的扩散系数、液体的溶解力，表面张力为零，能迅速渗透进固体物质之中，提取其精华，具有高效、不易氧化、纯天然、无化学污染等特点。

超临界流体萃取分离技术是利用超临界流体的溶解能力与其密度密切相关，通过改变压力或温度使超临界流体的密度大幅改变。在超临界状态下，将超临界流体与待分离的物质接触，使其有选择性地依次把极性大小、沸点高低和分子量大小不同的成分萃取出来。

葛根为豆科植物野葛的干燥根，是一种既有丰富营养又有独特药理作用的药食两用植物。葛根素，又称葛根黄素，是从葛根中提取的一种黄酮苷。葛根素不仅具有抗心律失常及降血压作用，还具有扩张脑血管、增加脑流血量、抑制血小板聚集、增强机体免疫能力以及抑制人类皮肤黑色素形成等作用。目前葛根素的提取纯化方法主要有溶剂法、柱色谱法以及这些方法的综合工艺，这些方法存在提取率低、耗能大、纯度不高等缺点。CO_2 超临界萃取葛根中葛根素具有操作流程短、萃取分离一步完成、萃取效率高、操作时间短等优点。

3 实验器材

3.1 FA2204B 型电子分析天平（上海精科仪器有限公司）。

3.2 1L/50MPa 小型超临界设备（图 6.1），南通玮佑科研仪器有限公司。

3.3 LC-2010AHT 高效液相色谱。

图 6.1 1L/50MPa 小型超临界设备

4 实验试剂

4.1 葛根素标准品，由中国药品生物制品鉴定所提供。

4.2 95% 乙醇，分析纯（AR）。

4.3 葛根粉，本地市场购得。

5 实验操作

5.1 葛根素标准曲线的绘制：准确称取葛根素标准品 5mg，用 30％乙醇溶解，转移至 10mL 容量瓶中，稀释至刻度，摇匀，精密量取 1.0mL、2.0mL、3.0mL、4.0mL、5.0mL 于 10mL 容量瓶中，用 30％乙醇稀释至刻度，摇匀，用高效液相色谱测定其峰面积，以峰面积为纵坐标、以葛根素浓度为横坐标作图，如图 6.2 所示。实验结果进行线性回归得回归方程和相关系数：

$$y = 20.439x - 20.526 \qquad r = 0.9998$$

式中 x——葛根素浓度，mg/mL；

y——峰面积。

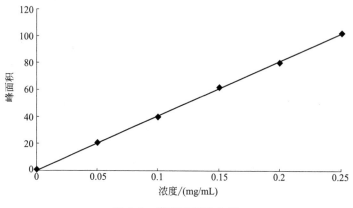

图 6.2 葛根素标准曲线

5.2 样品中葛根素的定性定量分析：将超临界萃取法萃取得到的提取液用高效液相色谱结合标准曲线做葛根素的定性和含量分析，按下式计算葛根素的提取率。

葛根素提取率＝提取液中葛根素质量(g)/葛根粉质量(g)×100％

5.3 开机前的准备工作

5.3.1 首先检查电源、三相四线是否完好无缺。

5.3.2 冷冻机及贮罐的冷却水源是否畅通，冷箱内为 30％乙二醇＋70％水溶液。

5.3.3 CO_2 气瓶压力保证在 5～6MPa 的气压，且食品级净重≥22kg。

5.3.4 检查管路接头以及各连接部位是否牢靠。

5.3.5 将各热箱内加入冷水，不宜太满，离箱盖 2cm 左右。

5.3.6 萃取原料装入料筒，原料不应安装太满，离过滤网 2～3cm。

5.3.7 将料筒装入萃取缸，盖好压环及上堵头。

5.3.8 如果萃取液体物料或需加入夹带剂时，将液料放入携带剂罐，可用泵压入萃取缸内。

5.4 开机操作顺序

5.4.1 先送空气开关，电源已接通后，再按启动电源按钮。

5.4.2 接通制冷开关，同时接通水循环开关。

5.4.3 开始加温，先将萃取缸、分离Ⅰ、分离Ⅱ、精馏柱的加热开关接通，将各自控温仪调整到各自所需的设定温度。如果精馏柱参加整机循环需打开与精馏柱相应的加热开关。

5.4.4 萃取完成后，逐渐降低设备的压力和温度，使超临界流体逐渐转变为气态。待萃取缸内压力恢复正常，取出萃取物。提取完成后，及时清洁装置，确保干净无残留物质。定期进行维护和保养，延长使用寿命。

5.4.5 开始制冷的同时将气瓶中 CO_2 通过阀门进入净化器、冷盘管和贮罐，CO_2 进行液化，液态 CO_2 通过泵、混合器、净化器进入萃取缸（萃取缸已装样品且关闭上堵头），等压力平衡后，打开萃取缸放空阀门，慢慢放掉残留空气后，降低部分压力后，关闭放空阀。

5.4.6 加压力：先将电极点拨到需要的压力（上限），启动泵按钮，当压力加到接近设定压力（提前 1MPa 左右），开始打开萃取缸后面的节流阀门。

5.4.7 萃取完成后，关闭冷冻机、泵各种加热循环开关，再关闭总电源开关，萃取缸内压力放入后面分离器或精馏柱内，待萃取缸内压力和后面平衡后，再打开放空阀门。待萃取缸没有压力后，打开萃取缸盖，取出料筒为止，整个萃取过程结束。

6 思考题

6.1 超临界流体的特性是什么？为什么选择 CO_2 作为萃取剂？

6.2 通过实验，讨论超临界萃取装置还可以应用到哪些方面？

6.3 葛根素的化学结构式是怎样的？它有些什么理化性质？

7 注意事项

7.1 此装置为高压流动装置，非熟悉本系统流程者不得操作，高压运转时不得离开岗位，如发生异常情况要立即停机关闭总电源检查。

7.2 泵系统启动前应先检查润滑的情况是否符合说明，填料压帽不宜过松或过紧。

7.3 电极点压力表操作前要预先调节所需值，否则会产生自动停泵或电极失灵超过压力的情况，温度也同样到一定值自动停止加热。

7.4 冷冻系统冷箱内要加入 30% 乙二醇，液位以不要溢出为止。

7.5 冷冻机采用 R22 氟里昂制冷，开动前要检查冷冻机油，如过低时要加入 25♯ 冷动机油，正常情况已调好，一般不要动阀门。

7.6 低压 2kgf/cm² ❶ 左右为正常。

7.7 长时间不用就回收氟里昂，具体操作为：关闭供液阀门开机 5min 左右，低压表低于 0.1MPa 停机即可。

7.8 制冷系统通氟后，如发生故障，先用上述方法回收氟里昂后，检查电磁阀至膨胀阀管线，无堵塞或检查过滤器有无堵塞，有堵塞时，清理即可；如果氟利昂过少，制冷效果不佳，请专业人员清理即可。

7.9 要经常检查各连接部位是否松动。

7.10 泵在一定时间内要更换润滑油。

7.11 加热水箱保养：

---

❶ 1kgf/cm² = 98.0665kPa。

7.11.1　长时间不用，将水排放，防止冬天冷坏保温套和腐蚀循环水泵。

7.11.2　一般开机前检查水箱水位，不够应补充（因温度蒸发），同时检查循环水泵、转动轴是否灵活转动，防止水垢卡死转轴而烧坏电机。

实验 7　双水相萃取分离葡萄籽中原花青素

1　实验目的

1.1　掌握双水相萃取的原理。

1.2　熟悉双水相系统常见的溶剂。

1.3　掌握双水相萃取的操作方法。

1.4　了解原花青素的生理功能。

2　实验原理

某些亲水性高分子聚合物的水溶液超过一定浓度后可以形成两相，并且在两相中水分均占很大比例，即形成双水相系统（aqueous two-phase system，ATPS）。利用亲水性高分子聚合物的水溶液可形成双水相的性质，Albertsson 于 20 世纪 50 年代后期开发了双水相萃取法（aqueous two-phase extraction），又称双水相分配法。20 世纪 70 年代，双水相萃取被应用在生物分离过程中，为蛋白质特别是胞内蛋白质的分离和纯化开辟了新的途径。

双水相萃取的聚合物不相溶性：根据热力学第二定律，混合是熵增过程，可以自发进行，但分子间存在相互作用力，这种分子间作用力随分子量增大而增大。当两种高分子聚合物之间存在相互排斥作用时，由于分子量较大的分子间的排斥作用与混合熵相比占主导地位，即一种聚合物分子的周围将聚集同种分子而排斥异种分子，当达到平衡时，即形成分别富含不同聚合物的两相。这种含有聚合物分子的溶液发生分相的现象称为聚合物的不相溶性。

常见的双水相萃取体系有：高聚物/高聚物双水相体系；高聚物/无机盐双水相体系；低分子有机物/无机盐双水相体系；表面活性剂双水相体系。

可形成双水相的双聚合物体系很多，如聚乙二醇（PEG）/葡聚糖（Dx）、聚丙二醇/聚乙二醇、甲基纤维素/葡聚糖。双水相萃取中采用的双聚合物系统是 PEG/Dx，该双水相的上相富含 PEG，下相富含 Dx。另外，聚合物与无机盐的混合溶液也可以形成双水相，例如，PEG/磷酸钾（KPi）、PEG/磷酸铵、PEG/硫酸钠等常用于双水相萃取。PEG/无机盐系统的上相富含 PEG，下相富含无机盐。

生物分子的分配系数取决于溶质与双水相系统间的各种相互作用，其中主要有静电作用、疏水作用和生物亲和作用。因此，分配系数是各种相互作用的和。

有机溶剂/盐双水相萃取指将亲水性有机溶剂和盐混合后由于盐析作用可形成两相；当葡萄籽粉末加入双水相体系后，蛋白质、多糖、少量多酚类物质进入下相（富盐相），大部分多酚类物质进入上相（有机溶剂相）。

原花青素是葡萄籽多酚类化合物的重要组成之一，具有抗氧化、抗肿瘤、抗过敏、抗突变等活性。

3　实验器材

3.1　电子分析天平（图 7.1）：JA2003 型，南京联宇计量设备有限公司。

3.2　超声波微波组合反应系统：XO-SM50 型，南京先欧仪器制造有限公司。

3.3　可见光分光光度计（图 7.2）：V-5600（PC）型，上海元析仪器有限公司。

图 7.1　电子分析天平　　　　　　　　　　图 7.2　可见光分光光度计

4　实验试剂

4.1　葡萄籽（图 7.3）：经挑选、洗净晾干、粉碎至 50～100 目备用。

图 7.3　葡萄籽及葡萄籽粉

4.2　乙醇：分析纯。

4.3　香草醛：分析纯。

4.4　儿茶素标准品：纯度≥99.8％。

4.5　硫酸铵：分析纯。

5　实验操作

5.1　香草醛-盐酸法测定原花青素的含量：分别吸取不同浓度的儿茶素标准溶液

0.5mL，加 4％香草醛甲醇溶液 3mL，再加入 1.5mL 浓盐酸，避光反应 15min。以 0.5mL 蒸馏水、4％香草醛甲醇溶液 3mL、1.5mL 浓盐酸为空白对照，在 500nm 处测定吸光值。以反应体系所测吸光值 y 为纵坐标、儿茶素含量 x（mg）为横坐标，作标准曲线，求得回归方程为：$y = 6.0104x + 0.0124$，$r = 0.9976$。

5.2　萃取体系组成的确定：分别按照体系中最终质量分数为 28％无水乙醇/22％ 硫酸铵、28％无水乙醇/22％磷酸氢二钾、28％丙酮/22％磷酸氢二钾，加入质量分数 2％葡萄籽粉末，补加蒸馏水使质量分数为 100％，搅拌至充分溶解，静置至两相分离，读取上下相的体积，测定上下相的吸光度，并计算相比、分配系数、萃取率及得率，确定原花青素萃取的双水相体系组成。

5.3　双水相萃取方法：将一定量的有机溶剂（无水乙醇或丙酮）、无机盐（磷酸氢二钾或硫酸铵）、葡萄籽粉末充分混匀，加蒸馏水使质量分数为 100％，搅拌至无机盐溶解，充分振荡，静置至两相分离，测量上下相的体积，测定上下相的吸光度，并按下式计算相比、分配系数、萃取率及得率。

$$R = V_上 / V_下$$

$$K = C_上 / C_下$$

$$E = RK / (1 + RK) \times 100\%$$

$$Y = C_上 V_上 / m$$

式中　R——相比；

$\quad$ $V_上$——上相体积，mL；

$\quad$ $V_下$——下相体积，mL；

$\quad$ K——分配系数；

$\quad$ $C_上$——上相中原花青素的质量浓度，mg/mL；

$\quad$ $C_下$——下相中原花青素的质量浓度，mg/mL；

$\quad$ E——萃取率，％；

$\quad$ Y——得率，mg/g；

$\quad$ m——葡萄籽粉末质量，g。

5.4　双水相萃取后葡萄籽中原花青素薄层色谱分析

将 1mg/mL 原花青素标准品和儿茶素标准品及双水相萃取后上、下相溶液进行薄层色谱检测，分别将上述标准品和样品溶液点样于薄层色谱硅胶上，在展开槽中展开，扩展剂为 $V_{正丁醇} : V_{冰乙酸} : V_水 : V_{甲醇} = 4 : 1 : 3 : 4$，显色剂为 20mL/100mL 硫酸甲醇溶液与 1％香草醛甲醇溶液等量混合喷雾，干燥后显色，分析双水相体系对葡萄籽中原花青素萃取效果。

6　思考题

6.1　影响双水相萃取葡萄籽原花青素的因素有哪些？各有什么影响？

6.2　体系中无水乙醇/硫酸铵质量分数比值对原花青素萃取率和得率有何影响？

6.3　双水相萃取体系 pH 对原花青素萃取率和得率有何影响？

实验 8　粗脂肪的提取——索氏提取法

1　实验目的

掌握用索氏提取法提取粗脂肪的原理及操作，熟悉重量分析的基本步骤。

2. 实验原理

脂肪是丙三醇（甘油）和脂肪酸结合成的脂类化合物，能溶于脂溶性有机溶剂。

本实验利用脂肪能溶于脂溶性溶剂这一特性，用脂溶性溶剂将脂肪提取出来，然后蒸发掉溶剂。整个提取过程均在索氏提取器中进行，通常使用的脂溶性溶剂为乙醚，或沸点为 $30\sim60℃$ 的石油醚，考虑到安全性，多选用石油醚。用此法提取的脂溶性物质除脂肪外，还有游离脂肪酸、磷酸、固醇、芳香油及某些色素等，故称为"粗脂"。同时，样品中结合状态的脂类（主要是脂蛋白）不能直接提取出来，所以该法又称为游离脂类提取法。

3　实验器材

3.1　BS210S 型电子天平（图 8.1）：北京赛多利斯天平公司生产，公用。

操作指南：调整水平度，插上电源，启动"ON/OFF"开关，按一下回零挡"TARE"，使屏幕上显示 0.0000。推开玻璃门，轻轻将样品置于称量盘上，关上玻璃门，待屏幕上显示的数字稳定后记录下来，即为样品的质量（g）。注意，每次称量前都必须按一下回零挡"TARE"，使屏幕上显示 0.0000。称量室内尤其是称量盘上必须保持清洁、干燥；若有药品撒落，立即用软毛刷清理干净。

3.2　HH-2 型数显恒温水浴锅（图 8.2）：常州国华电器有限公司生产，1 台/2 组。

操作指南：向水浴锅中注入 3/4 量的自来水，盖好盖子，插上电源。先将"设定/测温"选择开关置于"设定"挡，调节"温度设定"旋钮使屏幕上的温度显示为所需的温度（本实验为 70℃），此时黄灯亮，表示仪器正在加热。然后将"设定/测温"选择开关置于"测温"挡，此时屏幕上的温度显示为实际水温，当实际水温达到设定的温度时，仪器会自动恒温，此时绿灯亮。在整个实验之前应该将恒温水浴锅的水温调节好。

3.3　101C-3 型电热鼓风干燥箱（图 8.3）：上海市实验仪器总厂生产，公用。

操作指南：插上电源插头，按下绿按钮（电源开关）和黄按钮（鼓风开关），将"设定/测量"按钮置于设定挡，调节"温度设定"旋钮，使显示器中的数字为所需的温度（本实验为 120℃），再将"设定/测量"按钮置于测量挡，此时显示

图 8.1　BS210S 型电子天平及其控制面板

视频　粗脂肪的提取——仪器设备介绍

图 8.2　HH-2 型数显恒温水浴锅及其控制面板

图 8.3　101C-3 型电热鼓风干燥箱及其控制面板

器中的数字表示烘箱内的实际温度。将加热旋钮（一共有 3 个）打到适当的挡位，烘箱开始加热。此时绿灯亮，当温度达到所设定值时，红灯亮，烘箱停止加热。以后烘箱会一直通过不断地加热-停止过程来保持恒温，红绿灯也会相应地交替闪亮。请注意，本实验由于设定温度为 120℃，故在取出被烘干物品时，请戴上棉手套。

　　3.4　索氏提取仪（图 8.4 和图 8.5）：1 套/组，由冷凝管、抽提管和平底烧瓶等部件组成，通过标准磨口相对接。

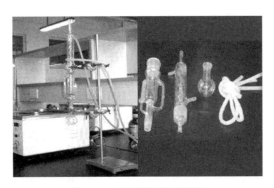

图 8.4　索氏提取仪各部件

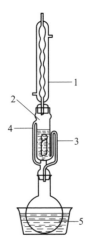

图 8.5　索氏提取仪

1—冷凝管；2—抽提管；3—虹吸管；

4—连接管；5—平底烧瓶

3.5　其他器材（图8.6）：不锈钢镊子、药勺、滤纸、铁架台、十字夹、龙爪、手套、乳胶管。

4　实验试剂

4.1　芝麻粉或者花生仁粉（图8.7）。

4.2　石油醚（图8.7）：C.P，沸程30～60℃。

图8.6　其他器材

图8.7　样品和石油醚

4.3　样品的准备：称取样品的质量根据材料中脂肪的含量而定（参考表8.1）。通常脂肪含量在10%以下的，称取样品10～20g；脂肪含量为50%～60%的，则称取样品2～4g。

表8.1　几种干的植物种子和种仁中油脂的百分含量

样品	含油量/%	样品	含油量/%
向日葵种子	23.5～45.0	大豆种子	10.0～25.0
向日葵种仁	40.0～67.8	油桐种仁	47.8～68.9
蓖麻种子	45.1～58.5	玉米谷粒	3.0～9.0
蓖麻种仁	50.7～72.0	小麦谷粒	1.6～2.6
芝麻种子	46.2～61.0	稻子谷粒	1.3～2.4
油菜种子	41.1～42.9	豌豆种子	0.7～1.9
花生种仁	40.2～60.7		

将样品在80～100℃电热鼓风干燥箱内烘去水分，一般烘4h，烘干时要避免过热。样品颗粒不宜太大，一般要在研钵中研碎样品。样品若是液体，应将一定体积的样品滴在滤纸上，在60～80℃电热鼓风干燥箱内烘干后，再进行实验。

5　实验操作

5.1　准备工作：将恒温水浴锅的水事先加热，温度为所用石油醚的沸程上限加10℃，例如，30～60℃沸程的石油醚，水温设置为70℃。务必保证提取管和烧瓶内干燥、洁净；若否，将其洗净并置于干燥箱内120℃烘干，或者用电吹风热风吹干。

视频　粗脂肪的提取

5.2　折滤纸斗：参见图8.8，取一张φ11cm的滤纸，折成筒状，再将其一端折起来封死，便做成了滤纸斗。

5.3　称量样品：先将数粒花生仁去皮，在碾钵中用碾锤彻底捣碎作为实验样品。将滤纸斗在电子天平上称重，然后用药勺取2勺（约2g）样品装入滤纸斗中，把滤纸斗的开口处折起来封死，防止样品泄出滤纸斗。调整滤纸斗的高度，使其放在抽提管中时略低于虹吸管的上弯头处。将装好样品的滤纸斗放在电子天平上称重，两质量之差即为样品的质量。

5.4　搭建索氏提取仪：用铁架台、2只十字夹、2只龙爪、2根乳胶管和1套索氏提取

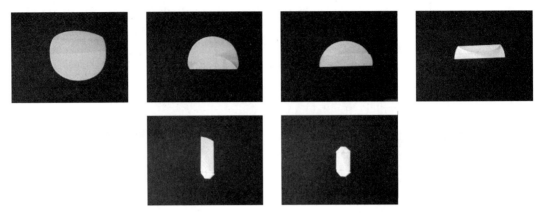

图 8.8 滤纸斗折叠示意图

仪来搭建装置。注意按照由下而上的顺序来搭建，如图 8.9～图 8.11 所示，首先安装平底烧瓶，先用十字夹和龙爪将平底烧瓶固定到铁架台上，放入水浴锅中，调整烧瓶高度，使烧瓶有 2/3～3/4 能浸入水浴锅中的水中，然后将装置从水浴锅的水中取出。其次安装抽提管，先将抽提取管与烧瓶通过标准磨口完美对接，再用十字夹和龙爪将抽提管固定到铁架台上。最后安装冷凝管，先用乳胶管将冷凝管与自来水管相连，注意，进水口在冷凝管下端，出水口在冷凝管上端，将出水乳胶管插入水槽中，再将冷凝管直接安放到抽提管上，两者的磨口处完好对接。检查一下，确保冷凝管、抽提管、烧瓶三者的磨口处对接完好，不松脱，不漏气。这样，装置就搭建好了。注意，龙爪的固定点分别是平底烧瓶的颈部和抽提管的颈部，用龙爪夹玻璃仪器时，要先用手找好感觉，不能太紧（否则会夹破）也不能太松（否则会打滑而导致索氏提取仪的标准磨口对接不完好，容易漏气）。

图 8.9 平底烧瓶的安装（注意高度）

图 8.10 抽提管的安装

图 8.11 冷凝管的安装

5.5 提取：轻轻打开自来水（冷凝用），将索氏提取仪整个装置放入恒温水浴锅中加热提取（水温 70℃左右）。提取时间 2～4h，约虹吸 20 次以上，记录每次虹吸所需的时间和虹吸次数。若提取过程中发现冷凝管已无液滴滴下，则表示石油醚已经蒸干，需要补充，具体的补充做法为：将整个装置从水浴锅中取出，冷却至石油醚停止沸腾为止，取下冷凝管，向抽提管中倒入石油醚，使其虹吸一次，再倒入部分石油醚即可。

5.6 回收石油醚：提取 2h 后，从水浴锅中取出索氏提取仪装置，冷却至石油醚停止沸腾，取下冷凝管，用镊子取出抽提管中的滤纸斗扔掉，然后再装上冷凝管，将整个装置再次放入水浴锅中，继续回流2～3次，目的是用石油醚洗净抽提管。然后，当石油醚在抽提管中的液面即将达到虹吸管的上弯头处时，从水浴锅中取出索氏提取仪装置，冷却至石油醚停止沸腾为止。取下平底烧瓶，将抽提管的下端口插入回收瓶中，倾斜装置，抽提管中的石油醚会虹吸而流入回收瓶中，达到回收的目的。再装上平底烧瓶，继续放入恒温水浴锅中加热直至冷凝管下端很长时间都无石油醚滴下，表明平底烧瓶中的石油醚已经蒸干。注意：必须蒸干后才能放入干燥箱烘干，否则会引起火灾。取下平底烧瓶，再次回收抽提管中的石油醚。

5.7　称量粗脂质量：将平底烧瓶放入120℃的电热鼓风干燥箱中烘15min，将石油醚全部挥发掉，取出冷却后称重（须戴手套，以免烫伤）。再将平底烧瓶用洗涤剂洗净，于120℃的电热鼓风干燥箱中烘干（约15min），取出冷却后称重，两者的质量之差就是粗脂的质量。

5.8　清洁：冷凝管和抽提管都不必清洗，它们已经在最后的回流中被石油醚清洗干净了。整理好桌面上的仪器和试剂，并注意清洁自己的操作台，请老师验收，实验报告当场交给老师批阅。

6　实验记录、计算与实验结果

样品粗脂的含量(%)＝粗脂的质量/样品的质量×100%

记录与计算汇总：

虹吸次数	1	2	3	4	5	6	7	8	9	10	…
虹吸时间/min											

滤纸斗质量/g	滤纸斗＋样品质量/g	样品质量/g	烧瓶＋粗脂质量/g	烧瓶质量/g	粗脂质量/g	虹吸时间/min	提取次数	样品中粗脂的含量/%

7　思考题

7.1　写出五种良好的脂肪溶剂。

7.2　如果在提取过程（而不是回收过程）中很长时间都没有虹吸一次，而且冷凝管已没有液滴滴下，这是什么原因造成的？应该怎么解决？

7.3　为什么说索氏提取仪各部件的接口涂抹了凡士林后会引起较大的正误差？

8　注意事项

8.1　石油醚为易燃有机溶剂，实验室应保持通风并禁止任何明火。

8.2　测定用样品、抽提器、抽提用有机溶剂都需要进行脱水处理，抽提体系中有水，会使样品中的水溶性物质溶出，导致测定结果偏高。同时，抽提溶剂易被水饱和，从而影响抽提效率。样品中有水，抽提溶剂不易渗入细胞组织内部，不易将脂肪抽提干净。

8.3　试样粗细度要适宜。试样粉末过粗，脂肪不易抽提干净；试样粉末过细，则有可能透过滤纸孔隙随回流溶剂流失，影响测定结果。

8.4 索氏提取仪各部件的接口切勿涂抹凡士林，以免引起较大的正误差。

实验 9 活性炭吸附色素——亚甲基蓝法

1 实验目的

1.1 了解活性炭吸附法处理污水的原理，探究活性炭投放量、吸附时间等因素对活性炭吸附效果的影响。

1.2 掌握测定吸附等温线的操作过程。

2 实验原理

活性炭是一种经过特殊处理的炭，是水处理吸附法中广泛应用的吸附剂之一，具有发达的微孔构造和巨大的比表面积。它化学性质稳定，可耐强酸强碱，具有良好吸附性能，是多孔的疏水性吸附剂。

用活性炭吸附法处理污水或废水就是利用其多孔性固体表面，吸附去除污水或废水中的有机物或有毒物质，使之得到净化。当活性炭对水中所含物质吸附时，水中的溶解性物质在活性炭表面积聚而被吸附，同时也有一些被吸附物质由于分子的运动而离开活性炭表面，重新进入水中，即同时发生解吸现象。当吸附和解吸处于动态平衡状态时，称为吸附平衡，而此时被吸附物质在溶液中的浓度称为平衡浓度。活性炭的吸附能力以吸附量 q_e 表示，可按以下公式计算：

$$q_e = \frac{x}{m} = \frac{(C_0 - C_e)V}{m} \tag{9.1}$$

式中 q_e——平衡吸附量，mg/g；

       C_0——吸附质的初始浓度，mg/L；

       C_e——吸附质的平衡浓度，mg/L；

       V——溶液的体积，L；

       m——所用的活性炭的质量，g。

q_e 的大小除了与活性炭的品种有关，还与被吸附物质的性质、浓度、水的温度及 pH 值有关。一般说来，当被吸附的物质不容易溶解于水而受到水的排斥作用，且活性炭对被吸附物质的亲和作用力强、被吸附物质的浓度又较大时，q_e 值就比较大。

在水和废水处理中通常用 Fruendlich 吸附等温式来比较不同温度和不同溶液浓度时的活性炭的吸附容量，即：

$$q_e = KC^{\frac{1}{n}} \tag{9.2}$$

式中 q_e——吸附容量，mg/g；

       K——与吸附比表面积、温度有关的系数；

       n——与温度有关的常数，$n > 1$；

       C——吸附平衡时的溶液浓度，mg/L。

这是一个经验公式，通常用图解方法求出 K、n 的值。为了方便易解，往往将上述公式变换成线性对数关系式：

$$\lg q_e = \lg \frac{C_0 - C}{m} = \lg K + \frac{1}{n} \lg C \tag{9.3}$$

式中 C_0——吸附质的初始浓度，mg/L；

$\quad C$——吸附平衡时的溶液浓度，mg/L；

$\quad m$——所用的活性炭的质量，g。

3 实验器材

3.1 量筒（10mL）：1个/组。

3.2 移液管（2.5mL或5mL）：1根/组。

3.3 比色管（50mL）：12个/组。

3.4 容量瓶（100mL）：12个/组。

3.5 玻璃比色皿（1cm）：2只/组。

3.6 可见分光光度计。

3.7 恒温水浴摇床（图9.1）。

3.8 电子天平。

3.9 手套：1双/组。

图9.1 恒温水浴摇床

4 实验试剂

4.1 亚甲基蓝、粉末活性炭。

4.2 亚甲基蓝标准溶液：量取10mL亚甲基蓝母液（1000mg/L）于100mL容量瓶，用蒸馏水稀释至标线。

5 实验操作

5.1 亚甲基蓝标线绘制：用移液管分别移取亚甲基蓝标准溶液0.5mL、1mL、1.5mL、2mL、2.5mL于50mL比色管中，用蒸馏水稀释至刻度线处，摇匀，以水为参比，在波长660nm处，用1cm比色皿测定吸光度，绘出标准曲线。

5.2 间歇式吸附实验：称取0.01g、0.02g、0.04g、0.08g、0.12g粉末活性炭，分别加入到100mL浓度为20mg/L的亚甲基蓝溶液中，放入恒温振荡器中振荡，设置振荡速度为200r/min，温度30℃，反应30min，取上清液测定其吸光度，求出吸附量。

6 实验记录、计算与实验结果

6.1 记录实验数据填入表9.1中，根据表9.1中数据，绘制亚甲基蓝吸收标准曲线（图9.2）。

表 9.1 不同浓度亚甲基蓝对应吸光度数据表

浓度/(mg/L)	0	1	2	3	4	5
吸光度						

标准曲线相关系数：

回归方程：

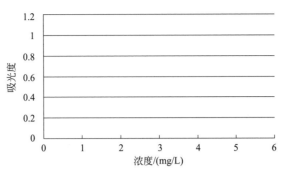

图 9.2 亚甲基蓝吸收标准曲线

6.2 间歇式吸附实验记录（表 9.2）。

表 9.2 间歇式吸附实验记录表

编号	活性炭加量 m/g	水样体积 V/mL	初始浓度 $C_0/(mg/L)$	平衡浓度 $C/(mg/L)$	吸附量 $q_e/(mg/g)$
1					
2					
3					
4					
5					

6.3 根据公式（9.3），以 $\lg q_e$ 为纵坐标、$\lg C$ 为横坐标，求出 Fruendlich 公式中的常数 K、n 值。

7 思考题

7.1 工业上常用的吸附剂有哪些？应用上有什么区别？

7.2 吸附剂的比表面积越大，其吸附容量和吸附效果就越好吗？为什么？

7.3 吸附等温线有何实际意义？

实验 10 离子交换树脂总交换容量的测定

1 实验目的

1.1 加深对离子交换树脂交换容量的认识。

1.2 熟悉静态法和动态法测定总交换容量的操作方法。

2 实验原理

交换容量 Q 是表征树脂性能的重要数据，用单位质量干树脂或者单位体积湿树脂所能吸附的一价离子的物质的量（mmol）来表示。

氢型阳离子交换树脂与碱作用时，生成水为不可逆反应，可以用静态法测定总交换容量：$RH + NaOH \longrightarrow RNa + H_2O$；用标准 HCl 滴定剩余 NaOH 含量来计算总交换容量。

阴离子交换树脂通常不稳定，应采用 Cl 型树脂。当它与 Na_2SO_4 作用时，生成氯化钠：

$$R(\equiv NHCl)_2 + Na_2SO_4 \longrightarrow R(\equiv NH)_2SO_4 + 2NaCl$$

故可采用动态操作法，滴定流出液 Cl 离子含量来测定其总交换容量。

3 实验器材

3.1 三角瓶（250mL）：4 只/组。

3.2 色谱柱（50cm×2cm）：1 根/组。

3.3 容量瓶（250mL）：1 只/组。

3.4 烧杯（250mL）：1 只/组。

3.5 量筒（100mL）：1 只/组。

3.6 碱式和酸式滴定管（50mL）：1 套/组。

3.7 胖肚吸管（10mL、25mL）：1 套/组。

3.8 广谱 pH 试纸。

3.9 精密电子天平。

3.10 电热鼓风干燥箱（图 10.1）。

图 10.1 电热鼓风干燥箱

4 实验试剂

4.1 阳离子交换树脂 732♯（H 型），饱和食盐水。

4.2 酚酞指示剂：称取酚酞 0.5g，加 45mL 95％乙醇溶解，用蒸馏水稀释至 50mL。

4.3 甲基橙指示剂：称取 0.1g 甲基橙溶于 100mL 蒸馏水中。

4.4 2％～4％ NaOH 溶液：称取 20～40g 固体 NaOH，用蒸馏水溶解后稀释至 1L。

4.5 5％ HCl 溶液：量取 5mL 浓 HCl，用蒸馏水稀释至 100mL。

4.6 0.5mol/L Na$_2$SO$_4$ 溶液：称取 71.01g 无水 Na$_2$SO$_4$ 固体，用蒸馏水溶解后稀释至 1L。

4.7 0.1mol/L NaOH 标准溶液：称取 4.0g 固体 NaOH，用蒸馏水溶解稀释至 1L。

标定：分别精确称取预先在 105℃烘干箱烘至恒重的邻苯二甲酸氢钾 0.5～0.6g 于两只锥形瓶中，加蒸馏水 70mL 溶解，加酚酞指示剂 2～3 滴，以配好的 NaOH 溶液滴定到出现粉红色为滴定终点，记下消耗的 NaOH 溶液体积 V（mL），按公式（10.1）计算 NaOH 的浓度：

$$N_{NaOH} = \frac{\dfrac{W}{M} \times 1000}{V} \tag{10.1}$$

式中 N_{NaOH}——NaOH 溶液的物质的量浓度；

$\quad\quad\quad$ W——称取的邻苯二甲酸氢钾质量，g；

$\quad\quad\quad$ M——邻苯二甲酸氢钾分子量，为 204.2。

4.8 0.05mol/L HCl 标准溶液：量取 4.2mL 浓 HCl，用蒸馏水稀释至 1L。

标定：分别吸取上述已标定好的 NaOH 标准溶液 10mL 于两只锥形瓶中，加 2 滴甲基橙指示剂，用配好的 HCl 溶液滴定至出现橙红色为终点，记下消耗的 HCl 溶液体积 V_{HCl}（mL），按公式（10.2）计算 HCl 的浓度：

$$N_{HCl} = \frac{10 \times N_{NaOH}}{V_{HCl}} \tag{10.2}$$

5 实验操作

5.1 树脂预处理：称取 15g 732 型阳离子交换树脂，将树脂置于两倍体积的饱和食盐溶液中浸泡 18～20h，然后小心倒掉食盐水，再用清水漂洗净多次，使排出水不带黄色；再将树脂置于两倍体积的 2%～4% NaOH 溶液中浸泡 2～4h，放尽碱液后，冲洗树脂直至排出水接近中性为止；最后将树脂置于两倍体积的 5% HCl 溶液中浸泡 4～8h，倒掉酸液，用清水漂洗至中性待用。

5.2 静态法测定阳离子交换树脂的总交换容量：精确称取 2g 左右已预处理好并抽干的 732 型阳离子交换树脂，105℃下烘干至恒重，按公式 (10.3) 计算含水量：

$$W = \frac{W_1 - W_2}{W_1} \times 100\% \tag{10.3}$$

式中 W_1——烘干前树脂重，g；

$\quad\quad W_2$——烘干后树脂重，g。

另精确称取上述抽干树脂 2.00g，放入 250mL 三角瓶中，加入 100mL 0.1mol/L NaOH 标准溶液，放置 24h，要求树脂全部浸入溶液中。然后，分别吸取 25mL 放入 2 只 250mL 三角瓶中。加入 2 滴甲基橙作指示剂，用 0.05mol/L HCl 标准溶液滴定，溶液由黄色变为红色为滴定终点，取两次滴定的平均值。按公式 (10.4) 计算总交换容量。

$$总交换容量（mmol/g 干树脂）= \frac{100 C_{NaOH} - 4 C_{HCl} V_{HCl}}{m_1(1-W)} \tag{10.4}$$

式中 C_{NaOH}——NaOH 标准溶液的物质的量浓度；

$\quad\quad C_{HCl}$——HCl 标准溶液的物质的量浓度；

$\quad\quad V_{HCl}$——HCl 标准溶液的用量，mL；

$\quad\quad m_1$——抽干树脂质量，g；

$\quad\quad W$——树脂含水量，%。

5.3 动态法测定阳离子交换树脂的总交换容量：用长玻璃棒将润湿的玻璃棉塞在交换柱的下部（使其平整），关闭出水口，加 10mL 纯水。精确称取处理并抽干的 732 型阳离子交换树脂 10g，加水后湿法装柱（防止混入气泡）。在装柱及之后的过程中，必须使树脂层始终浸泡在液面下约 1cm 处。水洗树脂至中性，放出多余的水。为防止之后加试液时，树脂被冲起，在树脂上面也铺一层玻璃棉。

向交换柱内不断加入 0.5mol/L Na_2SO_4 溶液，用 250mL 容量瓶收集流出液（图 10.2），调节流量为 2mL/min，流过 100mL Na_2SO_4 后，经常检查流出液的 pH，直至其 pH 与加入的 Na_2SO_4 pH 相同，停止交换。将收集液稀释到刻度，摇匀。分别吸取 25mL 放入 2 只 250mL 三角瓶中，加 2 滴酚酞，用 0.1mol/L NaOH 标准溶液滴定，溶液变为微红色半分钟不褪色为滴定终点，取两次滴定的平均值。按公式 (10.5) 计算总交换容量。

$$总交换容量（mmol/g 干树脂）= \frac{10 C_{NaOH} V_{NaOH}}{m_2(1-W)} \tag{10.5}$$

式中 C_{NaOH}——NaOH 标准溶液的物质的量浓度；

V_{NaOH}——NaOH 标准溶液用量，mL；

m_2——抽干树脂质量，g；

W——树脂含水量，%。

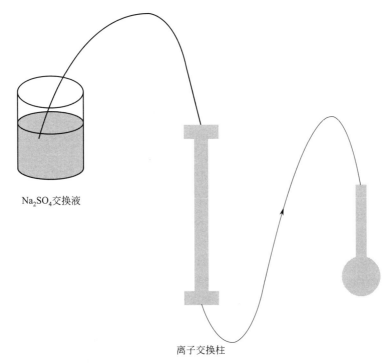

Na₂SO₄交换液

离子交换柱

图 10.2　动态法离子交换流程简图

6　实验记录、计算与实验结果

6.1　记录实验原始数据（表 10.1）。

表 10.1　实验记录表

静态法	动态法
第一次 HCl 滴定用量(mL)	第一次 NaOH 滴定用量(mL)
第二次 HCl 滴定用量(mL)	第二次 NaOH 滴定用量(mL)
平均滴定用量 V_{HCl}(mL)	平均滴定用量 V_{NaOH}(mL)
抽干树脂质量 m_1(g)	抽干树脂质量 m_2(g)
树脂含水量 W	树脂含水量 W
HCl 的物质的量浓度 C_{HCl}(mol/L)	NaOH 的物质的量浓度 C_{NaOH}(mol/L)
NaOH 的物质的量浓度 C_{NaOH}(mol/L)	

6.2　分别计算静态法和动态法的总交换容量。

7　思考题

7.1　什么是离子交换树脂的交换容量？两种交换容量的测定原理是什么？

7.2　为什么树脂层不能存留有气泡？若有气泡如何处理？

7.3　怎样装柱？应分别注意什么问题？

7.4　如果是阴离子交换树脂该如何测定交换容量？

实验 11 体积排阻法液相色谱检测样品中胰岛素的含量及其质量监控

1 实验目的

了解分子排阻液相色谱分离蛋白质分子、测定蛋白质含量的原理，掌握液相色谱的操作。

2 实验原理

分子排阻色谱法又称空间排阻色谱法（SEC），是利用多孔凝胶固定相的独特性，主要根据凝胶孔隙的孔径大小与高分子样品分子的线团尺寸间的相对关系而对溶质进行分离的分析方法（见图 11.1）。填料是由高分子交联而成、内部具有网状筛孔的固体颗粒，利用球状凝胶内筛孔的大小，不同水力学半径的蛋白质分子在通过填料时运行路径存在差异，大分子无法进入凝胶筛孔，而只流经凝胶及管柱间的孔隙，因此总体运行路径较短，从色谱柱入口到出口所需时间较短；较小的分子因为进入凝胶内的筛孔，总体运行路径较长，故在管柱内的停留时间较长。利用该差异将不同大小的蛋白质进行分离，亦可与已知大小的分子做比较而确定未知样品的分子量并测定其含量。

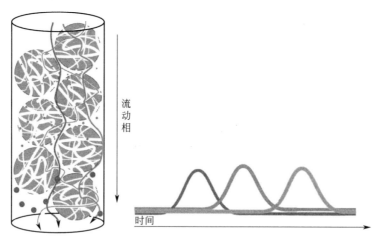

流动相

时间

图 11.1 分子排阻色谱法示意

3 实验器材

3.1 戴安（Dionex Ultimate 3000）高效液相色谱（图 11.2）。

3.2 AdvanceBio SEC 130Å，7.8mm×300mm 分子排阻色谱柱。

3.3 pH 计。

3.4 超声仪。

3.5 微量进样针。

3.6 0.45μm 微孔滤膜。

3.7　聚丙烯离心管。

4　实验试剂

4.1　猪胰岛素。

4.2　色谱纯无水乙酸。

4.3　色谱纯乙腈。

4.4　超纯净水。

4.5　浓氨水。

5　实验步骤

5.1　精密称量 34mg 猪胰岛素，置于 10mL 容量瓶中，用含有 0.2% 乙酸的超纯水将其溶解并定容，作为标准品母液备用。

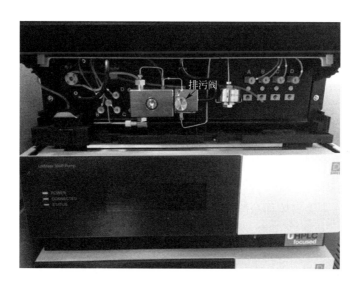

图 11.2　戴安高效液相色谱

5.2　吸取不同体积的母液，配制标准品溶液，浓度分别为 106.25μg/mL、212.5μg/mL、425μg/mL、850μg/mL、1700μg/mL、3400μg/mL。标准品溶液配好后置于 4℃ 冰箱备用。

5.3　流动相的配制：将 200mL 无水乙酸、300mL 乙腈和 400mL 超纯净水混合，用浓氨水调节 pH 至 3.0，随后用超纯净水定容至 1000mL。配制好的流动相经 0.45μm 微孔滤膜滤除杂质后，超声波脱气 30min，备用。

5.4　胰岛素聚集体样品溶液的制备：取标准品母液 1mL，将其置于聚丙烯管中，于 60℃ 水浴中温育 6h。将样品冷却至室温后立刻分析。

5.5　安装分子排阻色谱柱，打开戴安高效液相色谱，打开排污阀，液相管道系统进行脱气泡处理 5min，见图 11.3。

图 11.3　仪器安装

5.6　关闭排污阀阀门，开启液相输液泵，在色谱控制分析软件中打开输液泵参数设置界面，设定流动相流速为 0.5mL/min，选择洗脱模式，见图 11.4。

5.7 打开紫外检测器参数设置界面,将检测波长设置为 276 nm,见图 11.5。

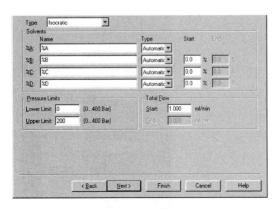 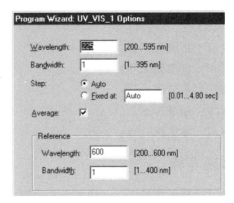

图 11.4 输液泵参数设置界面   图 11.5 紫外检测器参数设置界面

5.8 打开数据采集页面,观察采集信号,待信号基线趋于平稳,不再上下波动,则可以进样分析。

5.9 用微量进样针吸取标准品溶液,按照浓度从小到大的顺序,依次进样标准品溶液。每份标准品溶液进样 $10\mu L$。待样品溶液出峰后,进入数据分析界面(见图 11.6),记录各样品的色谱峰出峰时间、峰面积。实验数据填入表 11.1 中。

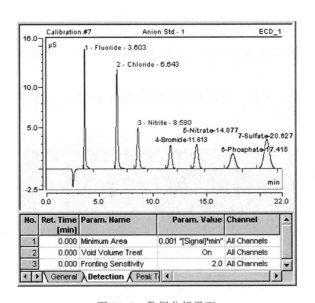

图 11.6 数据分析界面

5.10 进样胰岛素聚集体样品溶液,记录色谱峰出峰时间、峰面积,观察有无新的色谱峰出现。实验数据填入表 11.1 中。

5.11 样品分析完毕后,运行色谱柱清洗程序。先用本实验所用的流动相冲洗色谱柱至少 60min。更换流动相(乙腈:水=3:7),采用梯度洗脱的方式冲洗色谱柱 90min。待乙腈的比例达到 100% 后,继续冲洗色谱柱至少 60min 至基线平稳,没有新的色谱峰出现。

5.12 关闭液相色谱。

6　实验结果

表 11.1　分子排阻液相色谱检测结果

组别	浓度	保留时间	峰面积
标准品溶液			
样品溶液			

标准品线性回归方程：_____

线性相关系数：_____

样品溶液中胰岛素的含量：_____

是否检测到聚集体：_____

聚集体色谱保留时间：_____

7　注意事项

7.1　配制标准品系列溶液时请使用刻度移液管。

7.2　胰岛素标准品溶液配制后请置于冰箱冷藏室进行保存。

7.3　流动相必须经过 $0.45\mu m$ 微孔滤膜滤过，并用超声波进行脱气处理后方能使用。

7.4　液相色谱开机后必须对液相的管路系统进行脱气处理。

8　思考题

8.1　为什么可以用 276nm 作为检测波长来测定胰岛素的浓度？

8.2　反向高效液相色谱可以用来测定胰岛素的含量，是否也能用来检测胰岛素聚集体？

8.3　体积排阻法液相色谱检测的适用范围和注意事项有哪些？

附录　高效液相色谱仪操作及维护注意事项

1　高效液相色谱仪操作过程

1.1　开机操作：

1.1.1　打开计算机主机电源，开启显示器。

1.1.2　自上而下打开液相色谱各个组件电源，打开工作站。

1.1.3　打开冲洗泵头的 10% 异丙醇溶液的开关（需用针筒抽），控制流量大小，以能流出的最小流量为准。

1.1.4　注意各流动相所剩溶液的容积设定，若设定的容积低于最低限会自动停泵。注意洗泵溶液的体积，及时加液。

1.1.5　使用过程中要经常观察仪器工作状态，及时正确处理各种突发事件。

1.2　先以所用流动相冲洗系统一定时间（如所用流动相为含盐流动相，必须先用水冲洗 20min 以上再换上含盐流动相），正式进样分析前 30min 左右开启 D 灯或 W 灯，以延长灯的使用寿命。

1.3　建立色谱操作方法，注意保存为自己命名的 Method，勿覆盖或删除他人的方法及实验结果。

1.4　使用手动进样器进样时，在进样前和进样后都需用洗针液洗净进样针筒。洗针液一般选择与样品液一致的溶剂，进样前必须用样品液清洗进样针筒 3 遍以上，并排除针筒中的气泡。

1.5　溶剂瓶中的沙芯过滤头容易破碎，在更换流动相时注意保护。当发现过滤头变脏或长菌时，不可用超声洗涤，需用 5% 稀硝酸溶液浸泡后再洗涤。

1.6　实验结束后，一般先用水或低浓度甲醇水溶液冲洗整个管路 30min 以上，再用甲醇冲洗。冲洗过程中关闭 D 灯、W 灯。

1.7　关机时，先关闭泵、检测器等，再关闭工作站，然后关机，最后自下而上关闭色谱仪各组件，关闭洗泵溶液的开关。

1.8　使用者须认真履行仪器使用登记制度，出现问题及时向老师报告，不要擅自拆卸仪器。

1.9　操作过程若发现压力很小，则可能管件连接有漏，注意检查。当出现错误警告（各组件指示灯均为红色），一般为漏液，其中一个感应器中已有溶剂，漏液故障排除后，擦干，重新开启系统即可。

1.10　连接柱子与管线时，应注意拧紧螺丝的力度，过度用力可导致连接螺丝断裂。

2　色谱柱的使用说明

2.1　色谱柱使用前注意事项

色谱柱的储存液无特殊说明，均为评价报告所示的流动相。在使用前，一定要注意色谱柱的储存液与要分析样品的流动相是否互溶。在反相色谱中，如用高浓度的盐或缓冲液作洗脱剂，应先用 10% 左右的低浓度的有机相洗脱剂过渡一下，否则缓冲液中的盐在高浓度的有机相中很容易析出，堵塞色谱柱。

2.2　流动相

流动相中所使用的各种有机溶剂要尽可能使用色谱纯，配流动相的水最好是超纯水或全玻璃器皿的双蒸水。如果将所配的流动相再经过 $0.45\mu m$ 的滤膜过滤一次则更好，尤其是含盐的流动相。另外，装流动相的容器和色谱系统中的在线过滤器等装置应该定期清洗或更换。以常规硅胶为基质的键合相填料通常的 pH 值适用范围是 2.0~8.0，BDS C_{18} 适合于碱性化合物，pH 值适用范围为 2.0~10.0。当必须要在 pH 值适用范围的边界条件下使用色谱柱时，每次使用结束后立即用适合于色谱柱储存并与所使用的流动相互溶的溶剂清洗，并完全置换掉原来所使用的流动相。

2.3　样品

样品也要尽可能清洁，可选用样品过滤器或样品预处理柱（SPE）对样品进行预处理；

若样品不便处理，要使用保护柱。在用正相色谱法分析样品时，所有的溶剂和样品应严格脱水。

2.4　色谱柱的保存

2.4.1　反相色谱柱每天实验后的保养

使用缓冲液或含盐的流动相，实验完成后应用 10% 的甲醇/水冲洗 30min，洗掉色谱柱中的盐，再用甲醇冲洗 30min。注意：不能用纯水冲洗柱子，应该在水中加入 10% 的甲醇，防止将填料冲塌陷。

2.4.2　长期保存色谱柱

如色谱柱要长时间保存，必须存于合适的溶剂下。对于反相柱可以储存于纯甲醇或乙腈中，正相柱可以储存于严格脱水后的纯正己烷中，离子交换柱可以储存于水（含防腐剂叠氮化钠或柳硫汞）中，并将购买新色谱柱时附送的堵头堵上。储存的温度最好是室温。

2.5　色谱柱的再生

因为色谱柱是消耗品，随着使用时间或进样次数的增加，会出现拖尾峰（tailing peak）。色谱峰高降低或出现肩峰的现象，一般来说可能是柱效下降。

2.5.1　反相柱的再生

依次采用 20～30 倍色谱柱体积的甲醇：水＝10：90（体积比）、乙腈、异丙醇作为流动相冲洗色谱柱，完成后再以相反顺序冲洗色谱柱。

2.5.2　正相柱的再生

依次以 20～30 倍谱柱体积的正己烷、异丙醇、二氯甲烷、甲醇作为流动相冲洗色谱柱，然后再以相反的顺序冲洗色谱柱。要注意上述溶剂必须严格脱水。

3　高效液相色谱（HPLC）常用概念与术语

3.1　色谱图和峰参数

色谱图（chromatogram）：样品流经色谱柱和检测器，所得到的信号-时间曲线，又称色谱流出曲线（elution profile）。

基线（base line）：经流动相冲洗，柱与流动相达到平衡后，检测器测出一段时间的流出曲线。一般应平行于时间轴。

噪声（noise）：基线信号的波动。通常因电源接触不良或瞬时过载、检测器不稳定、流动相含有气泡或色谱柱被污染所致。

漂移（drift）：基线随时间缓缓变化。主要由于操作条件如电压、温度、流动相及流量的不稳定所引起，柱内的污染物或固定相不断被洗脱下来也会发生漂移。

色谱峰（peak）：组分流经检测器时响应的连续信号产生的曲线。流出曲线上的突起部分。正常色谱峰近似于对称形正态分布曲线（高斯曲线）。不对称色谱峰有两种：前延峰（leading peak）和拖尾峰（tailing peak）。前者少见。

拖尾因子（tailing factor，T）：用以衡量色谱峰的对称性。也称为对称因子（symmetry factor）或不对称因子（asymmetry factor）。《中华人民共和国药典》规定 T 应为 0.95～1.05。$T<0.95$ 为前沿峰，$T>1.05$ 为拖尾峰。

峰底：基线上峰的起点至终点的距离。

峰高（peak height，h）：峰的最高点至峰底的距离。

峰宽（peak width，W）：峰两侧拐点处所作两条切线与基线的两个交点间的距离。

$W = 4\sigma$。

半峰宽 （peak width at half-height，$W_{h/2}$）：峰高一半处的峰宽。$W_{h/2} = 2.355\sigma$。

标准偏差 （standard deviation，σ）：正态分布曲线 $x = \pm 1$ 时 （拐点）的峰宽之半。正常峰的拐点在峰高的 0.607 倍处。标准偏差的大小说明组分在流出色谱柱过程中的分散程度。σ 小，分散程度小、极点浓度高、峰形瘦、柱效高；反之，σ 大，峰形胖、柱效低。

峰面积 （peak area，A）：峰与峰底所包围的面积。

3.2 定性参数（保留值）

死时间 （dead time，t_0）：不保留组分的保留时间。即流动相 （溶剂）通过色谱柱的时间。在反相 HPLC 中可用苯磺酸钠来测定死时间。

死体积 （dead volume，V_0）：由进样器进样口到检测器流动池未被固定相所占据的空间。它包括 4 部分：进样器至色谱柱管路体积、柱内固定相颗粒间隙 （被流动相占据，V_m）、柱出口管路体积、检测器流动池体积。其中只有 V_m 参与色谱平衡过程，其他 3 部分只起峰扩展作用。为防止峰扩展，这 3 部分体积应尽量减小。$V_0 = F \times t_0$（F 为流速）。

保留时间 （retention time，t_R）：从进样开始到某个组分在柱后出现浓度极大值的时间。

保留体积 （retention volume，V_R）：从进样开始到某组分在柱后出现浓度极大值时流出溶剂的体积。又称洗脱体积。$V_R = F \times t_R$。

调整保留时间 （adjusted retention time，t'_R）：扣除死时间后的保留时间。也称折合保留时间 （reduced retention time）。在实验条件 （温度、固定相等）一定时，t'_R 只决定于组分的性质，因此，t'_R（或 t_R）可用于定性。$t'_R = t_R - t_0$。

调整保留体积 （adjusted retention volume，V'_R）：扣除死体积后的保留体积。

3.3 柱效参数

理论塔板数 （theoretical plate number，N）：用于定量表示色谱柱的分离效率 （简称柱效）。N 取决于固定相的种类、性质 （粒度、粒径分布等）、填充状况、柱长、流动相的种类和流速及测定柱效所用物质的性质。

理论塔板高度 （theoretical plate height，H）：每单位柱长的方差。实际应用时往往用柱长 L 和理论塔板数计算。

3.4 相平衡参数

分配系数 （distribution coefficient，K）：在一定温度下，化合物在两相间达到分配平衡时，在固定相与流动相中的浓度之比。分配系数与组分、流动相和固定相的热力学性质有关，也与温度、压力有关。在不同的色谱分离机制中，K 有不同的概念：吸附色谱法为吸附系数，离子交换色谱法为选择性系数 （或称交换系数），凝胶色谱法为渗透参数。但一般情况可用分配系数来表示。

容量因子 （capacity factor，k）：化合物在两相间达到分配平衡时，在固定相与流动相中的量之比。因此容量因子也称质量分配系数。容量因子的物理意义：表示一个组分在固定相中停留的时间 （t'_R）是不保留组分保留时间 （t_0）的几倍。$k = 0$ 时，化合物全部存在于流动相中，在固定相中不保留，$t'_R = 0$。k 越大，说明固定相对此组分的容量越大，出柱慢，保留时间越长。

3.5 分离参数

分离度 （resolution，R）：相邻两峰的保留时间之差与平均峰宽的比值。也叫分辨率，表示相邻两峰的分离程度。

实验 12 纸色谱分离纯化并鉴定氨基酸

1 实验目的

了解纸色谱技术分离纯化并鉴定氨基酸的原理，熟练掌握纸色谱技术。

2 实验原理

纸色谱是以滤纸为惰性支持物的分配色谱。滤纸纤维上的羟基具有亲水性，吸附一层水作为固定相，有机溶剂为流动相。当有机相流经固定相时，物质在两相间不断分配而得到分离，参见图 12.1。

极性弱的样品
（相对于极性强的样品而言，在展层剂中的分配较多，上行速度较快）

极性强的样品
（相对于极性弱的样品而言，在展层剂中的分配较少，上行速度较慢）

溶质在滤纸上的移动速度用 R_f 值表示，它是原点到色谱斑点中心的距离与原点到溶剂前沿的距离之商。

在一定的条件下某种物质的 R_f 值是常数。R_f 值的大小与物质的结构、性质、溶剂系统、色谱滤纸的质量和色谱温度等因素有关。本实验利用纸色谱法分离氨基酸，极性大的氨基酸移动慢，R_f 值小；极性小的氨基酸移动快，R_f 值大。

通过对多种标准氨基酸（配制的已知氨基酸标准溶液）、对照氨基酸（需要显色的待测样品）和样品氨基酸（不显色的待测样品）的同步纸色谱，即可分离纯化并鉴定混合物中的氨基酸成分。

水
（固定相）

展层剂
（流动相）

图 12.1　纸色谱原理

3 实验器材（图 12.2）

3.1　大烧杯（5000mL）：1 只/组。

3.2　微量进样器（100μL）：1 只/组，用于准确量取 1～100μL 溶液。

图 12.2　实验器材

3.3　喷雾器：公用。

3.4　培养皿：1 只/组。

3.5　色谱滤纸（长 22cm、宽 14cm 的新华一号滤纸）：1 张/组。

3.6　直尺、铅笔：学生自备。

3.7　电吹风：1 只/组。

3.8　托盘、针、白线：1 套/组。

3.9　手套：1 双/组。

3.10　小烧杯：50mL，1 只/组。

3.11　塑料薄膜、剪刀：公用。

4　实验试剂（图 12.3）

4.1　展层剂：将 4 体积正丁醇和 1 体积冰醋酸放入分液漏斗中，与 5 体积水混合，充分振荡，静置后分层，弃去下层水层。

4.2　氨基酸溶液：0.5％已知氨基酸溶液 3 种（赖氨酸、苯丙氨酸、缬氨酸），0.5％待测混合氨基酸液 1 种（含有赖氨酸、苯丙氨酸、缬氨酸之中的任意两种）。

4.3　显色剂：0.1％水合茚三酮正丁醇溶液。

图 12.3　实验试剂

5　实验操作

检查培养皿是否干燥、洁净；若否，将其洗净并置于干燥箱内 120℃烘干。

视频　纸色谱
实验原理讲解

视频　纸色谱
分离纯化并
鉴定氨基酸

5.1　平衡：剪一大块方形的塑料薄膜铺在桌面上，把盛有约 20mL 展层剂的 50mL 小烧杯置于薄膜正中央，将 5000mL 大烧杯倒扣在其上，将底下的塑料薄膜向上拢起把大烧杯密封起来，平衡 20min 以上，其目的是使展层剂挥发到大烧杯中达到饱和。

5.2　规划：戴上手套，取宽约 14cm、高约 22cm 的色谱滤纸一张。用铅笔在距离滤纸底边 2cm 处画一条平行于底边的直线作为横轴，在距离左边缘 1cm 处垂直于横轴画一条直线作为纵轴，建立坐标系，交叉点即为坐标原点。在横轴上的 2cm、4cm、6cm、8cm、10cm 处做 5 个"＋"记号，这就是点样原点的位置，并在 9cm 处画一条垂直于横轴的直线作为剪裁线。在纵轴上也标好刻度，准确到 1cm，参见图 12.4。

5.3　点样：用小烧杯装少量蒸馏水，用微量进样器抽吸蒸馏水至满刻度，再注射到水槽中，反复 3 次，达到清洗微量进样器的目的。插上电吹风的电源，确认热风功能正常。用洁净的微量进样器取 20μL 左右的赖氨酸（Lys）标准样品，远离滤纸，挤出 1 滴（大约 3～5μL）挂在针头上，身体坐正，将手臂和手腕搁在操作台面上，按规划所示，稳定而准确地点在滤纸上 Lys 的 "＋" 标记位置上，立即用电吹风热风吹干，使液滴在滤纸上的扩散直径不超过 0.5cm，如此点三次，完成 Lys 的点样。重复上述的清洗微量进样器以及点样操作，完成苯丙氨酸（Phe）标准样品、缬氨酸（Val）标准样品、混合样品 1（即图 12.4 中的样 1，用于对照）、混合样品 2（即图 12.4 中的样 2，用于分离提纯）的点样，其中混合样品 1 和混合样品 2 是相同的溶液。最后还要清洗微量进样器。

　　5.4　色谱：用针、线将滤纸缝成圆筒状，纸的左右两侧边缘相距 1cm 左右且保持平行，参见图 12.5(a)，缝合前将线的末端打一个结，以便缝合完后再打结连接缝合线。摊开大烧杯底下的塑料薄膜，将大烧杯相对于塑料薄膜平移一段距离，空出薄膜的中央位置，注意不要大幅度提起大烧杯，以免其中的展层剂气体泄漏出来。向培养皿中加入展层剂，使其液面高度达到 1cm 左右，然后将其移到薄膜中央处，将点好样的滤纸筒直立于培养皿中，点样的一端在下，

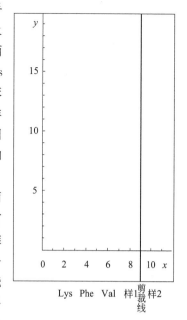

图 12.4　规划

此时，展层剂的液面在横轴线下约 1cm。双手缓缓提起 5000mL 大烧杯将其罩住，盛有展层剂的 50mL 小烧杯也被罩在里面，立即用塑料薄膜密封，参见图 12.5(b)。当展层剂前沿上升到横轴时开始计时，每隔一定时间测定一下展层剂前沿上升的高度，将数据填入表 12.2 中。将电吹风、剪刀、铅笔和装有茚三酮溶液的喷雾器事先拿到通风橱中，开启通风橱，插上电吹风的电源，做好显色工作准备。回到操作台，当前沿上升到 15cm 时，摊开塑料薄膜，移开大烧杯（烧杯口保持向下），取出滤纸，再将大烧杯重新罩住平衡用的小烧杯以及色谱用的培养皿，以免有机气体泄漏出来污染空气。立即将滤纸拿到通风橱，用铅笔描出前

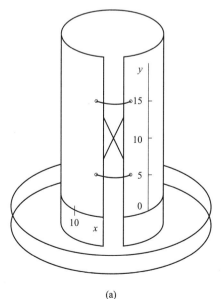

(a)

(b)

图 12.5　纸色谱装置示意图

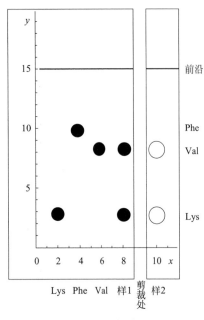

图 12.6 纸色谱结果

沿，迅速用电吹风热风吹干，然后剪断缝合线，并沿着剪裁线将混合样品 2 所在的滤纸剪裁下来，参见图 12.6。

5.5 显色：用喷雾器在通风橱中向标准样品与混合样品 1 所在的滤纸上均匀喷上 0.1% 的茚三酮正丁醇溶液，然后立即用热风吹干，即可显出各色谱斑点，参见图 12.6。

5.6 计算各种氨基酸的 R_f 值，并判断混合样品中有几种氨基酸，分别是什么氨基酸，将结果填入表 12.1 中，并将自己的色谱滤纸粘贴到实验报告上，或者将色谱滤纸拍照后粘贴到电子实验报告中。

5.7 分离各成分：根据图谱中样 1 各成分的位置，用铅笔在样 2 所在的滤纸的相应区域画圈，然后进行剪裁，参见图 12.6，即可获得纯化的单一组分氨基酸。若要获得氨基酸的结晶，还需进一步洗脱、透析以及干燥处理，因点样量很少，所以，最终获得的结晶也极其微量。

5.8 以展层剂前沿上升的高度（cm）为横坐标、以色谱时间（min）为纵坐标，用 excel 表作图，并导出回归方程，计算出方差，在趋势预测/回归分析类型列表中须选"对数"。根据回归方程或者坐标图推导出当展层剂前沿上升到 22cm 时所需要的时间，这就是实验的极限时间，填到表 12.2 中。

5.9 善后工作：将微量进样器用蒸馏水清洗干净，回收用过的展层剂和平衡液，将培养皿、小烧杯洗净，整理好桌面上的仪器和试剂，并注意清洁自己的操作台，请老师验收，实验报告当场交给老师批阅。同时，将记录的数据和做出的图以 excel 文件上传给老师。

6 实验记录、计算与实验结果

$$R_f = 原点到色谱斑点中心的距离/原点到溶剂前沿的距离$$

表 12.1 纸色谱结果

样品	赖氨酸	苯丙氨酸	缬氨酸	混合样品 1
原点到色谱斑点中心的距离				
原点到溶剂前沿的距离				
R_f				
判断混合样品 1 中的氨基酸成分				

表 12.2 展层剂前沿上升高度

X/min	0	2	5	10	20	40	90	150	…		
Y/cm	0									15	22（推导）

注意：用 excel 表作图时，是以表 12.2 中的 X（min）为纵坐标、Y（cm）为横坐标的，目的是方便使用回归方程计算上升高度。

7　思考题

7.1　不戴手套，用手直接接触滤纸会引起什么不良后果，为什么？

7.2　请查阅什么是"塔板理论"，并用其解释纸色谱分离氨基酸的原理。

7.3　为避免实验结果出现"拖尾"现象，实验操作中应注意哪些环节？

7.4　标记滤纸时不能使用油性笔，为什么？

8　注意事项

8.1　在整个实验过程中，必须戴手套，不能用手接触滤纸。

8.2　点样之前，从微量进样器中挤出液滴时，要移到滤纸范围以外，避免溅到滤纸上，造成污染。

8.3　点样时应坐姿端正，手臂手腕紧靠桌面，以保持稳定性。

8.4　滤纸标记必须使用铅笔而不能使用圆珠笔等油性笔。

8.5　使用微量进样器时，注意针头的朝向，切勿伤及自己和他人。

8.6　电吹风使用后切勿压在其电源线上，以免烫化胶皮引起短路。

8.7　在缝滤纸筒时要避免纸的边缘完全接触，要保持两边缘平行。

实验 13　醋酸纤维薄膜电泳分离纯化并鉴定血清蛋白

1　实验目的

掌握醋酸纤维薄膜电泳的操作，了解电泳技术的一般原理。

2　实验原理

醋酸纤维薄膜电泳是用醋酸纤维薄膜作为支持物的电泳方法。醋酸纤维薄膜由二乙酸纤维素制成，它具有均一的泡沫样的结构，厚度仅 $120\mu m$，有强渗透性，对分子移动无阻力，作为区带电泳的支持物进行蛋白质电泳有简便、快速、样品用量少、应用范围广、分离清晰和没有吸附现象等优点。目前已广泛应用于血清蛋白、脂蛋白、血红蛋白、糖蛋白和同工酶的分离纯化以及免疫电泳。

3　实验器材

3.1　醋酸纤维薄膜（2cm×8cm）：2 片/人。

3.2　DYY-Ⅲ2 型常压电泳仪（图 13.1）：北京市六一仪器厂生产，1 套/2 组。

操作指南：电泳仪由电泳槽和稳压电源两部分组成，两者之间有专门的连线连接。电泳槽有两个互相隔离的槽，各自装有缓冲液，接不同的电极，红色为正极，黑色为负极。每个槽上都有一根可移动的横杆，滤纸或纱布的一头搭在横杆上，另一头浸入缓冲液中，形成了滤纸桥。两杆之间的距离调节到略小于醋酸纤维薄膜的长度，点好样的醋酸纤维薄膜就搭在滤纸桥上。稳压电源用于调节电压和通电时间。当电泳槽和稳压电源连接好后，将点好样的醋酸纤维薄膜搭在滤纸桥上，盖上盖子，通电，调整好电压，进行电泳。注意电泳槽的电极

图 13.1 DYY-Ⅲ2 型常压电泳仪及其控制面板

方向，负极应与醋酸纤维薄膜上的点样原点在同一侧。

3.3 培养皿：一排桌子（即 4 组）公用 5 套，包括平衡、染色各用 1 套，漂洗用 3 套。

3.4 点样器：一个/组。

3.5 滤纸：公用。

3.6 玻璃板：一块/组。

3.7 镊子：一个/组。

3.8 玻棒：公用。

4 实验试剂（图 13.2）

4.1 硼酸缓冲液（pH8.6）：先称取 12.37g 硼酸（H_3BO_3），用蒸馏水定容至 1000mL，配成 0.2mol/L 的硼酸溶液；再称取 19.07g 硼砂（$Na_2B_4O_7$），用蒸馏水定容至 1000mL，配成 0.05mol/L 的硼砂溶液；临用前按 3∶2 比例混匀，再稀释 1 倍，即配制成了 pH8.6 的硼酸缓冲液，该溶液保质期为 2 周。

图 13.2 实验试剂

4.2 染色液：称取氨基黑 10B 0.25g，用甲醇 50mL、冰醋酸 10mL、水 40mL 溶解（可重复使用）。

4.3 漂洗液：甲醇或乙醇 45mL，冰醋酸 5mL，水 50mL，混匀。

4.4 透明液（仅在定量分析时使用）：无水乙醇 7 份，冰醋酸 3 份，混匀。

4.5 人或动物血清：从医院获得或自制，冰冻保存，现取现用。

5 实验操作

视频 醋酸纤维薄膜电泳分离纯化并鉴定血清蛋白

准备工作：安装好电泳槽，在电泳槽内加入缓冲液，连接常压电泳仪，熟悉常压电泳仪的操作。检查培养皿是否干燥、洁净；若否，将其洗净并置于干燥箱内 120℃烘干。

5.1 平衡：用镊子取醋酸纤维薄膜 2 张，识别出光泽面与粗糙面，将粗糙面朝上放在电泳槽中的缓冲液中浸泡 20min。

5.2 点样：参见图 13.3，事先用点样器在滤纸上点几个样，熟悉一下点样器的用法。然后用不锈钢镊子夹住膜条的一角，把膜条从缓冲液中取出，粗糙面朝上平铺在洁净的玻璃板上。取一张圆形滤纸覆盖在膜条上，用手指快速在滤纸表面将一下，以吸干膜条表面多余的液体，揭下滤纸扔掉。注意，切勿将滤纸长时间放在膜条上，以免膜条中的缓冲液过度吸出。用玻棒蘸一点血清，再将点样器沾一下玻棒，血清就会均匀地分布在点样器的狭缝中，参见图 13.4。将点样器在距离膜条一端 2～3cm 处轻轻地垂直落下并随即提起，这样即在膜条上点上了细条状的血清样品，每张膜点一个样。

图 13.3 点样器和点样示意图

5.3 电泳：在电泳槽内加入缓冲液，使两个电极槽内的液面等高，做好滤纸桥（滤纸桥的制作如下：先剪裁尺寸合适的滤纸，对折一下，搭在横杆上，滤纸底部浸入缓冲液中，调节横杆之间的距离到略小于醋酸纤维薄膜的长度，待缓冲液因毛细管作用沿滤纸上行，浸润全部滤纸）。用镊子将膜条平悬于电泳槽支架的滤纸桥上，膜条要垂直于横杆，并且要绷直，参见图 13.5 和图 13.6。膜条上点样的一端靠近负极，样点切勿接触滤纸桥上的滤纸，以免样点扩散。当醋酸纤维薄膜都放好后，盖严电泳室，检查一下电泳槽和稳压电源是否已经连接好。通电，调节电压至

图 13.4 点样器的使用

160V，启动稳压电源，此时膜上相应的电流强度（电泳仪显示的电流强度/总膜宽，总膜宽为单膜宽×单膜数）为 0.4～0.7mA/cm，电泳时间约为 40min。

图 13.5 膜条的放置

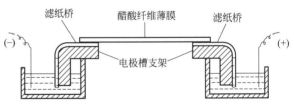

图 13.6 电泳槽示意图

以下 5.4 和 5.5 两步的操作，请相邻四个组的同学们（即同一排桌子）集中在一起做。

5.4 染色：电泳完毕后，关上电源开关，用镊子将薄膜条取下，对半剪裁（参见图 13.7），一半作为对照放入装有染色液的培养皿中浸泡 10min（注意盖好培养皿的盖子，以免溶剂挥发），另一半作为样品待用。

5.5 漂洗：将对照膜条从染色液中取出，在培养皿的边缘沥去表面多余的染色液，依次放入装有漂洗液的培养皿（共有 3 套）中漂洗 3 次（未漂洗时注意盖好培养皿的盖子，以免溶剂挥发），至无蛋白质区底色脱净为止，可得色带清晰的电泳图谱，参见图 13.7。

5.6 分离：参见图 13.7，在待用的样品膜条上，按照对照膜条的图谱，用铅笔勾画出相应的矩形区域，用剪刀剪下该区域的薄膜，这样就获得了 5 种血清蛋白的分离纯化样品。若要获得单一蛋白质的结晶，还需进一步洗脱、透析以及干燥处理，因点样量很少，所以，

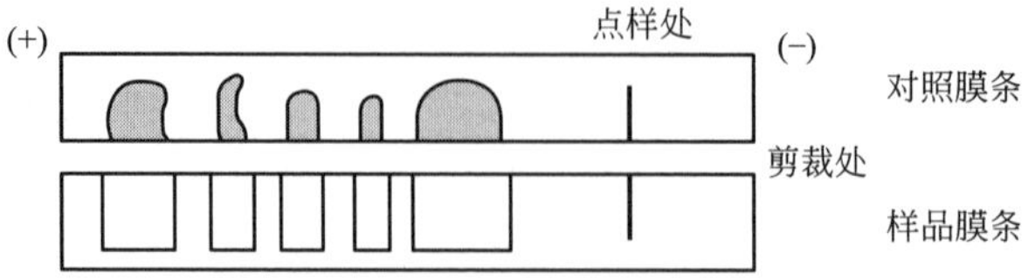

图 13.7　电泳结果

从左至右依次为：血清蛋白、α_1-球蛋白、α_2-球蛋白、β-球蛋白和 γ-球蛋白

最终获得的结晶也极其微量。

5.7　清洁：实验结束，将染色液、漂洗液回收，培养皿清洗干净，倒置于桌面上，整理好桌面上的仪器和试剂，并注意清洁自己的操作台，请老师验收。

如果需要定量测定，可以将膜条用滤纸压平吸干，按区带分段剪开，分别浸在 0.4mol/L 氢氧化钠溶液中，并剪取相同大小的无色带膜条做空白对照，进行比色。或者将干燥的电泳图谱膜条放入透明液中浸泡 2~3min 后取出贴于洁净玻璃板上，干后即为透明的薄膜图谱，用光密度计直接测定。

6　实验记录、计算与实验结果

交实验报告时请将自己的实验结果（对照膜条）贴在上面（只贴一端，否则因膜变形而拉断）。实验报告当场交给老师批阅。

7　思考题

7.1　为什么要将点样一端放在电泳槽的负极？

7.2　电泳时电压表显示的电压是否等于加在膜条两端的实际电压？为什么？

7.3　根据人血清中蛋白质各组分的等电点，估计它们在 pH8.6 的巴比妥-巴比妥钠电极缓冲液中电泳移动的相对位置。

8　注意事项

8.1　醋酸纤维薄膜平衡后，在吸去表面余液时，一定要避免过度吸干；否则，电泳区带将分辨不清。

8.2　每次电泳前，电泳槽两边的缓冲液应等量，缓冲液可以连续使用数次，但每次做电泳时，正负极要更换，或将缓冲液重新混合后再装槽，以保持缓冲液的 pH 不变。

8.3　在电泳过程中，电泳槽一定要加盖密闭；电泳完毕，要先断开电源，再取出薄膜，以免触电。

实验 14　盐析大豆蛋白

1　实验目的

1.1　了解盐析法分离纯化蛋白质的基本原理和实验方法。

1.2　以碱性蛋白酶为实验对象，建立酶溶解度和盐离子强度之间的关系式（Cohn 经验式），并作出曲线图。

1.3　通过对酶质量的测定和收率计算，综合评价盐析沉淀的最适工艺条件。

2 实验原理

蛋白质溶液中加入某些浓的无机盐（如硫酸铵或硫酸钠）溶液后，可以使蛋白质凝聚而从溶液中析出，这种方法就叫作蛋白质的盐析。其原理与蛋白质的表面结构有关，盐析产生沉淀是两种因素共同作用的结果，即蛋白质表面疏水键之间的吸力和带电基团吸附层的静电斥力作用。在低盐溶液中后者作用大于前者，产生盐溶现象。在高盐浓度情况下，随着离子强度的增加，蛋白质表面的双电层厚度降低，静电排斥作用减弱，同时，盐离子的水化作用使蛋白质表面疏水区附近的水化层脱离蛋白质，暴露出疏水区域，从而增大了蛋白质表面疏水区之间的疏水作用，容易发生凝聚，进而沉淀，该现象称为盐析作用。

对蛋白质（酶）而言，溶解度与盐离子强度之间关系符合 Cohn 经验式：

$$\lg S = \beta - K_s I$$

式中　S——蛋白质（酶）的溶解度；

　　　β——常数，与盐的种类无关，而与温度和 pH 有关；

　　　K_s——盐析常数，与温度和 pH 无关，与蛋白质（酶）和盐种类有关；

　　　I——盐离子强度，$I = \dfrac{1}{2}\sum c_i z_i^2$；

　　　c_i——i 离子的物质的量浓度，mol/L；

　　　z_i——i 离子所带电荷。

上式为 $\lg S$ 对 I 的线性方程，反映了不同蛋白质（酶）的盐析特征。通过本实验求出一定的条件下（pH 和温度）碱性蛋白酶的 K_s 和 β，建立其盐析方程。

盐析中，常用的盐析剂为硫酸铵。硫酸铵的加量有不同的表示方法，常用"饱和度"来表征其在溶液中的最终浓度，"饱和度"的定义为在盐析溶液中所含的硫酸铵质量与该溶液达到饱和所溶解的硫酸铵质量之比。25℃时硫酸铵的饱和浓度为 4.1mol/L（即 767g/L），定义它为 100%饱和度。为了达到所需的饱和度，应加入固体硫酸铵的量可查相应的硫酸铵饱和度计算表（表 14.1）。

表 14.1　硫酸铵饱和度计算表（25℃）

		需要达到的硫酸铵的饱和度/%															
		10	20	25	30	33	35	40	45	50	55	60	65	70	75	80	90	100
	0	56	114	144	176	196	209	243	277	313	351	390	430	472	516	561	662	767
	10		57	86	118	137	150	183	216	251	288	326	365	406	449	494	592	694
	20			29	59	78	91	123	155	189	225	262	300	340	382	424	520	619
	25				30	49	61	93	125	158	193	230	267	307	348	390	485	583
原	30					19	30	62	94	127	162	198	235	273	314	356	449	546
有	33						12	43	74	107	142	177	214	252	292	333	426	522
硫	35							31	63	94	129	164	200	238	278	319	411	506
酸	40								31	63	97	132	168	205	245	285	375	496
铵	45									32	65	99	134	171	210	250	339	431
饱	50										33	66	101	137	176	214	302	392
和	55											33	67	103	141	176	264	353
度	60												34	69	105	143	227	314
/%	65													34	70	107	190	275
	70														35	72	152	237
	75															36	115	198
	80																77	157
	90																	79

注：表中数值表示每 100 mL 溶液中加入固体硫酸铵的质量(g)。

在一定条件下，无机盐的加量对盐析收率和酶的纯度影响很大，适宜的加量应从收率和纯度两方面综合考虑。

3 实验器材

3.1 烧杯（1L）：1个/组。

3.2 烧杯（200mL）：3个/组。

3.3 量筒（100mL）：1个/组。

3.4 研磨器：1套/组。

3.5 pH试纸（pH7.6～8.5）。

3.6 离心管（50mL或100mL）：2个/组。

3.7 托盘天平。

3.8 电子天平。

3.9 高速冷冻离心机（图14.1）。

3.10 真空干燥箱（图14.2）。

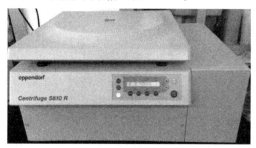 

图14.1 高速冷冻离心机　　　　图14.2 真空干燥箱

4 实验试剂

4.1 碱性蛋白酶粗粉，硫酸铵。

4.2 6mol/L NaOH：称取240g固体NaOH，用蒸馏水溶解稀释至1L。

5 实验操作

5.1 制备酶液：称取一定量粗酶粉，加入适量40～50℃温水，40℃水浴中浸泡并搅拌30min，高速冷冻离心机离心（10℃，9000～10000r/min，30min），取出上清液，沉淀再用上述相同方法浸取一次，合并上清液，即为制得的蛋白酶液，要求酶活达到1.5万～2.0万U/mL。

5.2 蛋白酶液用6mol/L NaOH调pH至8.0～8.5，分别量取100mL于7只200mL烧杯中，记录pH和室温。

5.3 计算达到20%、30%、40%、50%、60%、70%、80%饱和度所需加入的固体硫酸铵量，计算各饱和度下硫酸铵的离子强度I。

分别称取计算量的硫酸铵并研细，在不断搅拌下，将其缓慢加入酶液中，加完后再搅拌5min，注意应使硫酸铵全部溶解，然后，静置5h左右，使其沉淀完全。

5.4 将含有沉淀的酶液小心倾入离心杯中，在台秤上平衡后，再用高速冷冻离心机离心（10℃，9000～10000r/min，离心20min）。

5.5 将上清液倒入量筒，记录其体积。

5.6 小心挖出湿酶粉沉淀物，放入 55℃干燥箱烘干（约 24h），称干酶粉的质量。

6 实验记录、计算与实验结果

6.1 记录实验原始数据（表 14.2）。

表 14.2 硫酸铵加量和离子强度

编号 项目	1	2	3	4	5	6	7
硫酸铵饱和度	20%	30%	40%	50%	60%	70%	80%
每 100mL 料液加量/g							
硫酸铵浓度/(mol/L)							
离子强度 I							

6.2 将不同饱和度下冷冻离心后的上清液的各酶质量数据列成 $\lg S$ -I 的表格，建立碱性蛋白酶溶解度与盐离子强度之间的盐析方程式（表 14.3）。

表 14.3 碱性蛋白酶溶解度和盐离子强度之间的盐析方程式

编号 项目	1	2	3	4	5	6	7
硫酸铵饱和度	20%	30%	40%	50%	60%	70%	80%
$\lg S$							
离子强度 I							
盐析方程式							

6.3 将不同饱和度下所得固体干酶粉的实验结果列成表格，计算各饱和度下所得酶粉的质量，并根据蛋白酶原液的体积和干酶粉的质量计算各饱和度下酶的收率（表 14.4）。

表 14.4 各饱和度下所得碱性蛋白酶的质量收率

编号 项目	1	2	3	4	5	6	7
硫酸铵饱和度	20%	30%	40%	50%	60%	70%	80%
干酶粉质量/g							
原酶液中粗酶质量/g							
质量收率							

7 思考题

7.1 简述盐析的定义和原理。

7.2 影响盐析的主要因素有哪些？

7.3 根据固体干酶粉的收率综合评价盐的最适加量范围，讨论盐加量对盐析的影响。

实验 15 L-苯丙氨酸结晶

1 实验目的

1.1 掌握结晶的基本原理。

　1.2 掌握反应结晶提纯 L-苯丙氨酸的基本过程与实验技能。

2 实验原理

　　L-苯丙氨酸是人体必需的 8 种氨基酸之一，是具有生理活性的芳香族氨基酸。同时它也是合成特殊化学物质的重要中间体和重要的生物化工产品，广泛应用于食品、营养化妆品、医药领域。L-苯丙氨酸的生产方法主要有化学合成法、蛋白酶水解提纯法、酶转化法和直接发酵法。但用以上方法合成的 L-苯丙氨酸产品的纯度不高，因此一般采用反应结晶的方法提纯 L-苯丙氨酸粗品。

　　结晶是一个重要的化工过程，在为数众多的化工产品及中间产品中都是以晶体形态出现，因为结晶过程能从杂质含量相当多的溶液中形成纯净的晶体（形成混晶的情况除外）；而且结晶产品的外观优美，结晶过程可在较低的温度下进行。抗生素、氨基酸等通过结晶可以得到一定晶形的产品。对许多物质来说，结晶往往是大规模生产它们的最好又最经济的方法；另外，对更多的物质来说，结晶往往是小规模制备纯品最方便的方法。结晶过程的生产规模可以小至每小时数克，也可以大至每小时数十吨。

　　结晶是从均一的溶液中析出固相晶体的一个操作，常包括三个步骤：形成过饱和溶液，形成晶核，晶体生长。

　　2.1 形成过饱和溶液：结晶的首要条件是过饱和，制备过饱和溶液的方法一般有四种。

　　（1）化学反应结晶：调节 pH 值或加入反应剂，使生成新的物质，其浓度超过它的溶解度。

　　（2）将部分溶剂蒸发提高待结晶物的浓度，即成结晶析出。

　　（3）将热饱和溶液冷却，结晶即大量析出。

　　（4）盐析结晶：在溶液中，添加另一种物质使原溶质的溶解度降低，形成过饱和溶液而析出结晶。加入的物质可以是与原溶剂互溶的另一种溶剂或另一种溶质。例如利用卡那霉素易溶于水而不溶于乙醇的性质，在卡那霉素脱色液中加入 95％乙醇，加入量为脱色液的 60％～80％，搅拌 6h，卡那霉素硫酸盐即成结晶析出。

　　2.2 形成晶核：在溶液中分子的能量或速度具有统计分布的性质，在过饱和溶液中也是如此。当能量在某一瞬间，某一区域由于布朗运动暂时达到较高值时会析出微小颗粒即结晶的中心，称为晶核，晶核不断生成并继续成长为晶体。一般来说，自动成核的机会较少，常需借外来因素促进生成晶核，如机械震动、搅拌等。

　　2.3 晶体生长：晶核一经形成，立即开始长成晶体，与此同时，新的晶核还在不断生成。所得晶体的大小，决定于晶核生成速度和晶体成长速度的对比关系。如果晶体生长速度大大超过晶核生成速度，过饱和度主要用来使晶体成长，则可得到粗大而有规则的晶体；反之，过饱和度主要用来生成新的晶核，则所得晶体颗粒参差不齐，晶体细小，甚至呈无定形。

　　反应结晶也称沉淀结晶，是通过 2 种或更多种组分经化学反应产生过饱和度进行结晶的过程。反应结晶因其消耗的能量小，过程装置简单，是化学工业中一种常用的结晶方法。本实验采用反应结晶中的酸溶碱析法对 L-苯丙氨酸粗品进行分离提纯，其具体原理如下：

首先调节 pH 值为酸性，溶解 L-苯丙氨酸粗品，再加入碱液调节 pH 使得 L-苯丙氨酸形成过饱和溶液，从而结晶析出。

3　实验器材

3.1　电动搅拌装置（图 15.1，江苏金坛仪器厂）：1 套/组。

3.2　真空干燥箱（图 15.2）：公用。

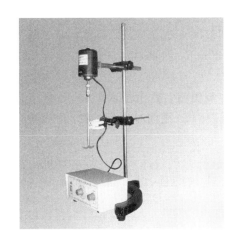

图 15.1　电动搅拌装置　　　　　　　　　　图 15.2　真空干燥箱

3.3　HH-2 恒温水浴：1 个/组。

3.4　电子显微镜（图 15.3）：1 个/组。

3.5　500mL 烧杯：1 个/组。

3.6　250mL 结晶皿（图 15.4）：1 个/组。

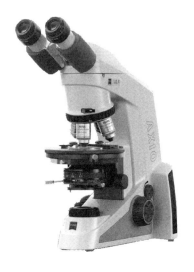

图 15.3　电子显微镜　　　　　　　　　　图 15.4　结晶皿

4　实验试剂

4.1　L-苯丙氨酸：纯度 60％，1 瓶/组。

4.2　1mol/L盐酸：1瓶/组。

4.3　1mol/L氢氧化钠溶液：1瓶/组。

4.4　乙醇（AR）：1瓶/组。

5　实验操作

视频　苯丙氨
酸结晶

5.1　称量：称取纯度约为60%的15g L-苯丙氨酸粗品至500mL烧杯中。

5.2　酸溶：加入40mL蒸馏水，加1mol/L的盐酸溶液溶解，调节pH＝1，加入0.5g活性炭脱色，搅拌20min。过滤、水洗滤饼，合并滤液转入250mL锥形瓶中。

5.3　碱析初步结晶：将锥形瓶放置25℃水浴，搅拌至恒温，逐渐加入1mol/L氢氧化钠溶液，控制加入体积和加入速度，待溶液pH值约为1.7～1.9之间时停止加碱，继续维持低速搅拌，养晶、育晶1.5h。

5.4　育晶结束后，继续滴加碱液，控制结晶终点pH为5.4～5.5之间，停止加碱。继续搅拌，55℃水浴，进行晶形转变，随后将晶浆在1～1.5h内降至10℃，静置沉降4h，然后过滤。

5.5　用20mL无水乙醇洗涤结晶。

5.6　将结晶放入真空干燥箱中真空干燥至恒重，即得L-Phe产品。

5.7　电子显微镜观察并绘制结晶体的形状。

6　实验记录、计算与实验结果

6.1　计算得率

$$Y=(m-m_1)/61\%/m_0\times100\%$$

式中　m——干燥后产品与容器的总质量；

　　　m_1——容器重；

　　　m_0——粗品重；

　　　61%——原料纯度。

6.2　绘制L-Phe产品结晶体的形状。

7　思考题

7.1　选择结晶时的溶剂应该考虑哪些问题？

7.2　在测定熔点前，晶体未能充分干燥会有哪些影响？

7.3　结晶前脱色的方法有哪些？

实验16　真空冷冻干燥生物制剂

1　实验目的

学习运用真空冷冻干燥机对蛋白质、肽或其他热敏性生物活性物质进行干燥，从而获得产品。

2　实验原理

高真空状态下，利用升华原理使预先冻结的物料中的水分直接从冰态升华为水蒸气而被除去，从而达到使物料干燥的效果。真空冷冻干燥机广泛应用于多种产品，可确保物品中蛋白质、维生素以及那些易挥发热敏性成分不产生损失，因而能最大限度地保持原有的营养成分，还能有效防止干燥过程中的氧化，可以避免营养成分的转化和状态变化。冻干制品呈海绵状、无干缩、复水性好、含水分极少，因此包装后可在常温下长时间保存和运输。

3　实验器材

3.1　DZF-6020 真空干燥箱（图 16.1）：公用。

图 16.1　DZF-6020 真空干燥箱

3.2　7mL 西林瓶（图 16.2，瓶塞和铝塑盖）：3 个/组。

图 16.2　西林瓶

3.3　JY201 电子天平（图 16.3）：公用。

4　实验试剂

4.1　表皮细胞生长因子（EGF）：10g/组。

4.2　20％人白蛋白：10mL/组。

图 16.3　JY201 电子天平

4.3　甘露醇（药用级）：10g/组。

4.4　肝素钠：10g/组。

5　实验操作

5.1　系统准备：实验装置主要包括 DZF-6020 真空干燥箱、JY201 电子天平（精度 0.01g）。为了能够实时记录干燥过程中样品的质量，将电子天平的压力应变传感器与信号处理显示电路分置，传感器置于真空干燥箱的工作室内，通过航空插头穿透干燥室器壁接到显示处理单元，并输出质量数据至计算机记录。

5.2　检查装置：实验开始前检查系统是否清洁和干燥，真空泵与冷冻干燥机是否连接，接通电源，检查排气口、冷冻管的密封性。

5.3　配料：2g 样品加 2mL 纯净水，搅拌均匀。

5.4　称量空西林瓶重并记录，将配好的物料灌装至 7mL 西林瓶中，加塞，称量西林瓶加物料质量并记录。

5.5　预冻：将灌好的西林瓶推入冻干箱内的隔板上，关闭冻干箱的舱门，打开冷冻开关，等待 20～30min，直到冷冻舱的温度低于 −40℃，保持 2h 以上。

5.6　抽真空：打开真空泵开关，等待 10～15min，直到系统压力低于 15Pa。

5.7　一次干燥（升华）：开启加热使隔板温度 30min 内升至 −15℃，保持 2h；1min 将隔板温度升至 −10℃，保持 4h；1min 将导液升至 −5℃，保持 3h。

5.8　二次干燥：60min 使隔板温度升至 30℃，开掺气保持 300min（设 18Pa±2Pa），真空下压塞。

5.9　关机：关闭总开关，接上排气管或打开密封管开关以解除真空状态。关闭真空开关，关闭冷冻开关，取出样品。

5.10　系统维护

（1）除霜：冷冻干燥机冷冻舱下面的压缩舱内如果有霜，则接上排水管，然后用少量热水（不能超过压缩舱容积的一半）促进冰霜的融化。

（2）除湿：压缩舱、冷冻舱、真空泵压缩机以及垫圈等表面的水雾均需擦干。

（3）清洁：压缩舱、冷冻舱可以用温和的去污剂或苏打水清洗，然后干燥并撤去排水管，并重新密封排水孔。

（4）泵油：定期检查油位，排除油雾。

6 实验记录、计算与实验结果

记录时间和脱水量，每分钟记录一次质量数据；每 20min 记录一次温度及西林瓶和物料总质量。

时间	温度/℃	西林瓶/g	西林瓶和物料/g	物料质量/g

7　思考题

7.1　试述在整个冻干过程，温度和真空度应如何控制，为什么？

7.2　列举三到五种需要冷冻干燥的试剂。

7.3　冷冻干燥时，是否真空度越高越好？为什么？

第二部分 综合实验

实验 17　SDS-PAGE 分离纯化并鉴定酸性磷酸酯酶

实验 17.1　酸性磷酸酯酶的提取

1　实验目的

掌握胞内酶的分离提取方法，学会离心机的使用。

2　实验原理

酸性磷酸酯酶存在于植物的种子、霉菌、肝脏和人体的前列腺之中，能专一水解磷酸单酯键。本实验选用绿豆芽的酸性磷酸酯酶为材料，磷酸苯二钠为底物。磷酸苯二钠经过酸性磷酸酯酶作用，水解后生成酚和无机磷，其反应式如下：

$$C_6H_5-O-\overset{\overset{\displaystyle O}{\|}}{\underset{\underset{\displaystyle ONa}{|}}{P}}-ONa + H_2O \underset{}{\overset{\text{酶}}{\rightleftharpoons}} C_6H_5-OH + Na_2HPO_4$$

由上式可见，当有足量的底物磷酸苯二钠存在时，酸性磷酸酯酶的活力越高，所生成的产物酚和无机磷也越多。根据酶活力单位的定义，在酶促反应的最适条件下每分钟生成 $1\mu mol$ 产物所需要的酶量为一个活力单位，因此可用 Folin-酚法测定产物酚或用定磷法测定无机磷来表示酸性磷酸酯酶的活力。本实验所采用的是 Folin-酚法。

本实验以绿豆芽为材料，将其细胞破碎，释放出酸性磷酸酯酶，离心除去细胞碎片和植物纤维等杂质，得到酸性磷酸酯酶的粗酶溶液，为下面的酶学性质研究及 SDS-PAGE 法检测酶分子等系列生物化学实验做准备。

3　实验器材

3.1　LG10-2.4A 高速离心机：北京医用离心机厂生产，1 台/组。

3.2　离心管：与离心机配套，2 只。

3.3　托盘天平：1 台/组。

3.4　滴管：1 只/组。

3.5　100mL 烧杯：3 只/组。

3.6　100mL 三角烧瓶：2 只/组。

3.7　漏斗：1 只/组。

3.8　碾钵、碾锤：1套/组。

3.9　100mL量筒：1只/组。

3.10　绿豆芽：当日采摘，50g/组。

3.11　取样器：5mL，1只，用于准确量取1~5mL溶液。

3.12　取样器套头：数只（放在塑料烧杯中标记"洁净"）。

3.13　塑料烧杯：2只。

3.14　取样器架：1个。

3.15　纱布、滤纸、塑料手套、记号笔、塑料薄膜、橡皮筋：公用。

4　实验试剂

绿豆芽。

5　实验操作

5.1　匀浆：戴上一次性手套，用托盘天平称取100g绿豆芽（图17.1），掐去根和叶，再称重所得到的绿豆芽茎（图17.2）。脱去手套，将绿豆芽茎放入碾钵（图17.3）中用碾锤使劲碾压和研磨，以彻底捣碎，室温静置30min，剪一块10cm×20cm的纱布叠成双层，再戴上手套，用双层纱布挤滤磨碎的绿豆芽茎，滤液用小烧杯收集，挤滤完后脱掉一次性手套。

图 17.1　绿豆芽　　　　　　　　　　　　图 17.2　绿豆芽茎

5.2　平衡：参见图17.4，将2只100mL的塑料烧杯分别放到托盘天平两边的托盘上

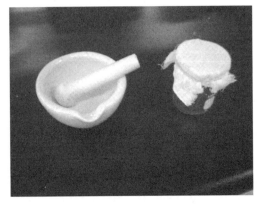
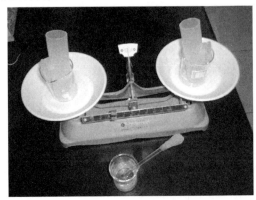

图 17.3　碾钵、碾锤、纱布　　　　　　　图 17.4　离心管的平衡

进行平衡，也就是在天平上增减砝码和移动游标，使得托盘天平的指针停留在"0"刻度处。将滤液倒入 2 只离心管中，每只离心管中的滤液量大致相等，再把离心管连同其盖子分别放入托盘上刚才已平衡好的 2 只烧杯中，用滴管增、减离心管中的溶液使其在托盘天平上达到平衡，平衡后盖上离心管的盖子，用记号笔做上标记。

5.3　离心：参见图 17.5～图 17.8，按住离心机右侧面上方的按钮，即可掀开离心机的盖子，再旋开转子的盖子，将平衡好的 2 只离心管插入离心机转子的 2 个相对的槽中（这是为了保护离心机，绝不可随便插放！），等 2 组或 3 组同学都插好了以后（即转子中的 4 个或 6 个槽均插上了离心管），旋上转子的盖子，再合上离心机的盖子。插上离心机电源插头，开启"电源"开关，在面板上将"定时"旋钮调到 20min，将"转速"旋钮调到 4000r/min，按下"启动"按钮。此时，离心机开始加速旋转，直到 4000r/min。离心 20min 后，离心机会自动减速。必须等到转速指针指示为"0"时，即转子彻底停止了旋转，才能开盖取离心管。

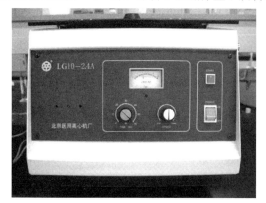

图 17.5　LG10-2.4A 高速离心机

图 17.6　打开离心机的盖子

图 17.7　离心机的转子

图 17.8　插好离心管

5.4　保存：将离心管中大部分上清液倒入量筒中，少部分接近底部沉淀物的上清液（看上去有点浑浊）要用滤纸和漏斗过滤，滤液直接用量筒收集，测量并记录滤液的总体积，然后倒入三角烧瓶中，用塑料薄膜密闭，贴上"粗酶液"标签，置冰箱中保存备用，它将直接成为实验 17.4 的样品（切勿稀释！）。另外，用取样器取"粗酶液"5mL，放入 100mL 小烧杯中，再加入 95mL 0.2mol/L pH5.6 的乙酸盐缓冲液，混匀，得到稀释 20 倍的粗酶稀释液，用塑料薄膜密闭，贴上"粗酶稀释液"的标签，置冰箱中保存备用，作为实验 17.2 和实验 17.3 的样品。

5.5　洗净所有用过的玻璃仪器、碾钵和离心管，收拾干净桌面，请老师检查。

6　实验记录、计算与实验结果

绿豆芽质量/g	
绿豆芽茎质量/g	
粗酶液体积/mL	
粗酶液得率(粗酶液体积/绿豆芽茎质量)/(mL/g)	

7　思考题

7.1　实验操作过程中为什么需戴上手套？

7.2　豆芽在碾钵中用碾锤彻底捣碎对粗酶稀释液提取起到什么作用？

7.3　离心管中的沉淀物可能是哪些成分？

8　注意事项

8.1　使用离心机前必须将离心管（连同其盖子）精确平衡。

8.2　离心过程中若听到异常响声，可能是出现了离心管破碎或离心管不平衡等情况，应立即切断电源，停止离心，检查原因。

8.3　在离心机高速运转过程中切勿打开离心机盖，以防造成意外事故。

8.4　避免离心机连续使用时间过长，一般使用 60min 后要隔 20～30min 再使用。

8.5　有机溶剂会腐蚀离心管，酸、碱、盐溶液会腐蚀金属，若发现渗漏现象应及时擦洗干净，以免损坏离心机。

实验 17. 2　酶促反应进程曲线的制作

1. 实验目的

学会制作酶促反应的进程曲线，掌握可见分光光度计的使用。

2. 实验原理

参见实验 17.1。

要进行酶活力测定，首先要确定酶的反应时间。酶的反应时间并不是任意确定的，而是在初速度时间范围内进行选择。确定初速度的时间范围就必须制作酶促反应的进程曲线。所谓进程曲线是指酶促反应时间与产物生成量（或底物减少量）之间的关系曲线，参见图 17.9。它表明了酶促反应速度随反应时间变化的情况，在反应初期，底物浓度和产物浓度的变化很小，所以，酶促反应速度是恒定的，这个速度就是初速度，也就是进程曲线中最初的那段直线的斜率，那段直线所涵盖的时间段就是初速度时间范围。本实验的进程曲线是在酶促反应的最适条件下采用每间隔一定的时间测定产物生成量的方法，以酶促反应时间为横坐标、产物生成量为纵坐标绘制而成的。从进程曲线可以看出，曲线的起始部分在某一段时间范围内呈直线，其斜率就是酶促反应的初速度。但是，随着反应时间的延长，曲线的斜率不断下降，说明反应速度逐渐降低。反应速度随反应时间的延长而降低这一现象是由于底

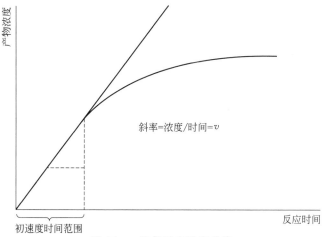

图 17.9　酶促反应进程曲线

物浓度的降低和产物浓度的增高致使逆反应加强等原因所致。因此，要真实反映出酶活力的大小，就应该在产物生成量与酶促反应时间成正比的这一段时间内进行测定。换言之，测定酶活力应该在进程曲线的初速度时间范围内进行。制作进程曲线，求出酶促反应初速度的时间范围是酶动力学性质分析中的组成部分和实验基础。

3　实验器材（图 17.10）

3.1　VIS-7220 型可见分光光度计：公用。

3.2　HH-2 型数显恒温水浴锅：公用。

3.3　取样器：1mL、5mL 各 1 只/组，分别用于准确量取 0.1～1mL 以及 1～5mL 溶液。

3.4　试管：20 只/组。

3.5　试管架：1 个/组。

3.6　100mL 三角烧瓶：2 只/组。

图 17.10　实验器材

4　实验试剂

4.1　粗酶稀释液：参见实验 17.1。

4.2　5mmol/L 磷酸苯二钠溶液（pH5.6）：精确称取磷酸苯二钠（$C_6H_5Na_2PO_4 \cdot 2H_2O$，分子量 254.10）2.54g，加蒸馏水溶解后定容至 100mL，即配成了 100mmol/L 磷酸苯二钠水溶液，密闭保存备用。临用时用 0.2mol/L pH5.6 的乙酸盐缓冲液稀释 20 倍，即得 5mmol/L 磷酸苯二钠溶液（pH5.6）。

4.3　0.2mol/L 乙酸盐缓冲液（pH5.6）。

4.4　Folin-酚试剂：于 2000mL 磨口回流装置内加入钨酸钠（$Na_2WO_4 \cdot 2H_2O$）100g、钼酸钠（$Ma_2MoO_4 \cdot 2H_2O$）25g、水 700mL、85% 磷酸 50mL、浓盐酸 100mL。微火回流 10h 后加入硫酸锂 150g、蒸馏水 50mL 和溴数滴摇匀。煮沸约 15min，以驱逐残溴，溶液呈黄色，轻微带绿色，如仍呈绿色，须再重复滴加液体溴的步骤。冷却后定容到 1000mL。过滤，置于棕色瓶中可长期保存。临用时，用蒸馏水稀释 3 倍。

4.5 1mol/L 碳酸钠溶液。

4.6 0.4mmol/L 酚标准应用液：精确称取分析纯的酚结晶 0.94g 溶于 0.1mol/L 的 HCl 溶液中，定容至 1000mL，即为酚标准贮存液，贮存于冰箱可永久保存，此时的酚浓度约为 0.01mol/L。临用时将上述的酚标准贮存液用蒸馏水稀释 25 倍，即得 0.4mmol/L 酚标准应用液。

5 实验操作

图 17.11 酶促反应加热操作

检查试管是否干燥、洁净，若否，将其洗净并置于干燥箱内 120℃ 烘干。

5.1 加样与酶促反应：取试管 12 支，按 0 到 11 的顺序逐管编号，空白为 0 号。各管加入 0.5mL 5mmol/L 磷酸苯二钠溶液，在 35℃ 恒温水浴锅中预热 2min 后，在 1～11 管内各加入 0.5mL 预热的粗酶稀释液。粗酶稀释液一加入立即精确计时并摇匀，按时间 3min、5min、7min、10min、12min、15min、20min、25min、30min、40min 和 50min 在 35℃ 恒温下进行定时酶促反应（粗酶稀释液加入时为起始时间，碳酸钠溶液加入时为终止时间），参见图 17.11。

当酶促反应进行到上述相应的时间时，加入 1mol/L 碳酸钠溶液 5mL 终止反应，时间控制详见表 17.1。

表 17.1 酶促反应时间安排

管号	1	2	3	4	5	6	7	8	9	10	11
粗酶稀释液加入时刻（11 号试管最先加样）/min	10	9	8	7	6	5	4	3	2	1	0
碳酸钠溶液加入时刻/min	13	14	15	17	18	20	24	28	32	41	50

5.2 显色：加完 1mol/L 碳酸钠溶液 5mL 后再向试管中加入 0.5mL Folin-酚稀溶液，混匀，保温约 10min 即可显色。空白管所加试剂相同，但粗酶稀释液最后加入。

5.3 测定：以 0 号管作空白，在可见分光光度计上 680nm 波长处测定各管的光吸收值 A_{680}。

以上 5.1、5.2、5.3 步操作参见表 17.2。

表 17.2 酶促反应操作安排

管号	1	2	3	4	5	6	7	8	9	10	11	0
5mmol/L 磷酸苯二钠溶液	各 0.5mL											
35℃预热 2min												
粗酶稀释液（35℃预热过的）	各 0.5mL，一加入就计时，注意合理安排各管的加入时间，最好先加第 11 管，隔 1min 再加第 10 管（详见表 17.1）。											0
35℃精确反应时间/min	3	5	7	10	12	15	20	25	30	40	50	

续表

管号	1	2	3	4	5	6	7	8	9	10	11	0
1mol/L 碳酸钠溶液	各 5mL(用于终止反应)											
Folin-酚稀溶液	各 0.5mL											
	0 号试管加入粗酶稀释液 0.5mL											
	35℃保温显色 10min											
A_{680}												0

5.4　画图：以反应时间为横坐标、A_{680} 为纵坐标绘制进程曲线，并将其贴在实验报告上，由进程曲线求出酸性磷酸酯酶反应初速度的时间范围（直线部分涵盖的时间）。

5.5　清洁：将用过的玻璃仪器和取样器套头洗净，清洁分光光度计（尤其是比色槽内）、清洗比色皿，整理好桌面上的仪器和试剂，并注意清洁自己的操作台，请老师验收，实验报告当场交给老师批阅。

6　实验记录、计算与实验结果

试管号	0	1	2	3	4	5	6	7	8	9	10	11
35℃精确反应时间/min	0	3	5	7	10	12	15	20	25	30	40	50
A_{680}	0											
初速度的时间范围	0～　　　 min											

7　思考题

随着反应时间的延长，曲线的斜率不断下降，说明反应速度逐渐降低，为什么？

8　注意事项

8.1　酶促反应应保持温和条件，反应液要避免剧烈搅拌或振荡。

8.2　酶促反应的加样顺序不得搞错，否则无法显色。

实验 17.3　酸性磷酸酯酶米氏常数的测定以及比活力计算

1　实验目的

学会米氏常数（K_m）及最大反应速度（v_m）的测定原理和实验方法，了解比活力的计算，掌握可见分光光度计的使用。

2　实验原理

参见实验 17.1。

根据酶与底物形成中间配合物的学说，可以得到一个表示酶促反应速度与底物浓度之间相互关系的方程式，这就是酶学上著名的米氏方程：

$$v = \frac{v_{\mathrm{m}}[\mathrm{S}]}{K_{\mathrm{m}} + [\mathrm{S}]}$$

式中　　[S]——底物浓度；

　　　　v——反应速度；

　　　　v_{m}——最大反应速度；

　　　　K_{m}——米氏常数。

由米氏方程可以推出，米氏常数 K_{m} 等于反应速度达到最大反应速度一半时的底物浓度，米氏常数的单位就是浓度单位（mol/L 或 mmol/L）。

测定 K_{m} 和 v_{m}，特别是测定 K_{m}，是酶学工作的基本内容之一。在酶动力学性质的分析中，米氏常数 K_{m} 是酶的一个基本特性常数，它包含着酶与底物结合和解离的性质。特别是同一种酶能够作用于几种不同的底物时，米氏常数 K_{m} 往往可以反映出酶与各种底物的亲和力强弱，K_{m} 数值越大，说明酶与底物的亲和力越弱；反之，K_{m} 值越小，说明酶与底物的亲和力越强，K_{m} 值最小的底物就是酶的最适底物。

测定 K_{m} 和 v_{m}，一般通过作图法求得。作图方法很多，其共同特点是先将米氏方程式变换成直线方程，然后通过作图法求得。本实验在测定酸性磷酸酯酶以磷酸苯二钠为底物的 K_{m} 和 v_{m} 时，采用最常用的双倒数作图法（Lineweaver-Burk 作图法），参见图 17.12。这个方法是先将米氏方程两边同时取倒数，整理后得到：

$$\frac{1}{v} = \frac{K_{\mathrm{m}}}{v_{\mathrm{m}}} \times \frac{1}{[\mathrm{S}]} + \frac{1}{v_{\mathrm{m}}}$$

然后以 $\frac{1}{[\mathrm{S}]}$ 对 $\frac{1}{v}$ 作图，可得到一条直线。这条直线在横轴上的截距为 $-1/K_{\mathrm{m}}$，在纵轴上的截距为 $1/v_{\mathrm{m}}$，由此即可求得 K_{m} 和 v_{m}。

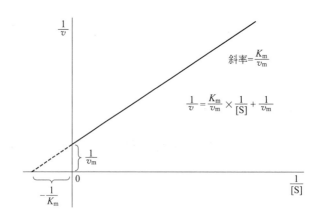

图 17.12　双倒数作图法原理

酶活力单位的定义为：在酶促反应的最适条件下，当底物过量时，每分钟生成 $1\mu\mathrm{mol}$ 产物所需要的酶量规定为一个活力单位 U。根据这个定义，最大速度 v_{m} 就是酶浓度，由此，可以计算出酸性磷酸酯酶在绿豆芽茎中的比活力。

3　实验器材

参见实验 17.2。

4　实验试剂

参见实验 17.2。

5　实验操作

检查试管内是否干燥、洁净；若否，将其洗净并置于干燥箱内 120℃烘干。

5.1　酚标准曲线的制作：取试管 6 支，按 0 到 5 的顺序逐管编号，空白为 0 号。按照表 17.3，向各试管中依次加入 0.4mmol/L 酚标准应用液、0.2mol/L pH5.6 的乙酸盐缓冲液、1mol/L 碳酸钠溶液和 Folin-酚试剂，注意加样顺序不得搞错，否则显不了色。摇匀，在 35℃保温 10min（先用烧杯盛 35℃的水，置于水浴锅中，再将试管放入烧杯中保温，以防试管滑落入水中）。

以 0 号试管为空白，在可见分光光度计上 680nm 波长处读取各管的光吸收值 A_{680}，以 A_{680} 为横坐标、酚标准应用液的体积（mL）为纵坐标作一条标准曲线，它应该是一条直线。保留该数据，以便实验 17.4 直接引用。

表 17.3　标准曲线的制作

试管	0	1	2	3	4	5
0.4mmol/L 酚标准应用液/mL	0	0.1	0.2	0.3	0.4	0.5
0.2mol/L pH5.6 的乙酸盐缓冲液/mL	1	0.9	0.8	0.7	0.6	0.5
1mol/L 碳酸钠溶液/mL	5					
Folin-酚试剂/mL	0.5					
摇匀,在 35℃保温显色 10min						
A_{680}	0					

5.2　底物浓度对酶促反应速度的影响——K_m 和 v_m 的测定

参见表 17.4，取试管 7 支，按照 $0'$ 至 $6'$ 的顺序逐管编号，空白管为 $0'$ 号。$1'\sim6'$ 号管加入不同体积的 5mmol/L 磷酸苯二钠溶液（pH5.6），并分别补充 0.2mol/L pH5.6 乙酸盐缓冲液至 0.5mL。35℃预热 2min（先用烧杯盛 35℃的水，置于水浴锅中，再将试管放入烧杯中保温，以防试管滑落入水中），逐管加入 35℃预热过的酸性磷酸酯酶粗酶稀释液 0.5mL，开始计时，摇匀，精确反应 10min（粗酶稀释液加入时为起始时间，碳酸钠溶液加入时为终止时间）。反应时间达到后立即加入 5mL 1mol/L 碳酸钠溶液，再加入 0.5mL Folin-酚稀溶液，摇匀，35℃保温显色 10min。

$0'$ 号管内先加入 0.5mL 5mmol/L 磷酸苯二钠溶液（pH5.6），再加入 5mL1mol/L 碳酸钠溶液和 0.5mL Folin-酚稀溶液，最后加入 0.5mL 粗酶稀释液，其他操作与 $1'\sim6'$ 管相同。以 $0'$ 号管作空白，在 VIS-7220 型可见分光光度计 680nm 波长处读取各管的光吸收值 A_{680}。

表 17.4　K_m 和 v_m 的测定

管号	$0'$	$1'$	$2'$	$3'$	$4'$	$5'$	$6'$
5mmol/L 磷酸苯二钠溶液/mL	0.5	0.1	0.14	0.2	0.25	0.33	0.5
0.2mol/L pH5.6 乙酸盐缓冲液/mL	0	0.4	0.36	0.3	0.25	0.17	0
35℃预热 2min 左右							
35℃预热过的粗酶稀释液 (一加就计时,此为起始时刻)/mL	暂不加	0.5	0.5	0.5	0.5	0.5	0.5

续表

管号	0′	1′	2′	3′	4′	5′	6′
摇匀,在35℃的条件下,精确反应10min(注意合理安排各试管的粗酶稀释液加入时间,也就是反应起始时间,最好相隔1min)							
各管内均加入1mol/L碳酸钠溶液5mL(用于终止反应)							
各管内均加入Folin-酚稀溶液0.5mL,摇匀							
向0′号试管加入粗酶稀释液0.5mL							
摇匀,所有试管在35℃保温显色10min							
A_{680}	0						

用各管的 A_{680} 在标准曲线上查出其对应的酚标准应用液的体积 c mL,因反应体积为 1mL,则产物的浓度为 $0.4c$（mmol/L）,这样,可求得各种底物浓度下的反应速度:

$$v = 0.4c/10 [\text{mmol/(L·min)}]$$

取相应的倒数,以 $1/v$ 为纵坐标、$1/[S]$ 为横坐标作图,求出 K_m 和 v_m。

5.3　酶活力计算

绿豆芽茎的比活力可以由下式计算,其单位是U/mg:

$$0.04 \times v_m \times 粗酶液体积/绿豆芽茎质量$$

其中,v_m 的单位采用的是 mmol/(L·min),粗酶液体积的单位采用的是 mL,绿豆芽茎质量采用的单位是 g。

推导过程如下,根据酶活力单位的定义:在酶促反应的最适条件下每分钟生成 1μmol 产物所需要的酶量规定为一个活力单位。则:

粗酶稀释液的酶浓度为 $v_m \times 1000 \times 2$,单位为 U/L。

粗酶液的酶浓度为 $v_m \times 1000 \times 2 \times 20$,单位为 U/L。

粗酶液的总酶活为 $v_m \times 1000 \times 2 \times 20 \times$（粗酶液体积/1000）,单位为 U。

绿豆芽茎比活力为 $v_m \times 1000 \times 2 \times 20 \times$（粗酶液体积/1000）/（绿豆芽茎质量 $\times 1000$）,单位为 U/mg。

将用过的玻璃仪器和取样器套头洗净,清洁分光光度计（尤其是比色槽内）、清洗比色皿,整理好桌面上的仪器和试剂,并注意清洁自己的操作台,请老师验收,实验报告当场交给老师批阅。

6　实验记录、计算与实验结果

管号	1′	2′	3′	4′	5′	6′
A_{680}						
c/mL						
磷酸苯二钠浓度/(mmol/L)	0.5	0.7	1.0	1.25	1.65	2.5
$1/[S]$	2.0	1.42	1.0	0.8	0.6	0.4
反应时间/min	10	10	10	10	10	10
反应速度 $v = 0.4 \times c/10$ [mmol/(L·min)]						
$1/v$						
K_m						
v_m						
绿豆芽茎的比活力 $= 0.2 \times v_m$ 粗酶液体积/绿豆芽茎质量						

7　思考题

7.1　为什么要用双倒数作图法而不是直接用米氏曲线来求出米氏常数?

7.2　还有其他作图法可以准确求出米氏常数吗? 试用本实验的数据, 通过两种作图法来求米氏常数, 并比较两者的差异。

8　注意事项

参见实验 17.2 之注意事项。

实验 17.4　酸性磷酸酯酶的纯化以及检测——SDS-PAGE

1　实验目的

熟悉垂直板型电泳槽的使用, 了解 SDS-聚丙烯酰胺凝胶电泳法测定蛋白质分子量以及检测样品中蛋白质组分的一般原理, 掌握 SDS-聚丙烯酰胺凝胶电泳的操作方法。

2　实验原理

聚丙烯酰胺凝胶是由单体丙烯酰胺 (acrylamide, Acr) 和交联剂 N,N-亚甲基双丙烯酰胺 (N,N-methylene-bisacylamide, Bis) 在加速剂 N,N,N,N-四甲基乙二胺 (N,N,N,N-tetramethylethylenediamine, TEMED) 和催化剂过硫酸铵 [$(NH_4)_2S_2O_8$, AP] 或核黄素 (ribofavin 即 vitamin B_2) 的作用下聚合交联成三维网状结构的凝胶, 以此凝胶为支持物的电泳称为聚丙烯酰胺凝胶电泳 (PAGE)。

用普通凝胶电泳分离大分子物质, 主要依赖于各大分子所带电荷的多少、分子量的大小及其分子的形状等差异。而要利用凝胶电泳测定大分子的分子量, 就必须将大分子所带电荷和分子形状的差异所引起的效应去掉或将其减少到可以忽略不计的程度, 从而使大分子的迁移率完全取决于它的分子量。

为了达到上述目的, 目前较常用的方法是在电泳体系中加入一定浓度的十二烷基磺酸钠 (SDS)。SDS 是一种阴离子表面活性剂, 它能破坏蛋白质分子的氢键和疏水键, 使蛋白质变性为松散的线状, 在强还原剂 β-巯基乙醇或二硫苏糖醇 (DTT) 的存在下, 蛋白质分子内的二硫键被打开并解聚成组成它们的多肽链, 解聚后的蛋白质分子与 SDS 充分结合形成带负电荷的蛋白质 SDS 复合物。蛋白质 SDS 复合物所带的 SDS 负电荷大大超过了蛋白质分子原有的电荷量, 这就消除了不同种类蛋白质分子之间原有的电荷差异, 而且此复合物在水溶液中的形状像一个长椭圆棒, 它的短轴对不同的蛋白质亚基-SDS 复合物基本上是相同的, 约为 1.8×10^{-8}, 但长轴的长度则与蛋白质亚基分子量的大小成正比, 因此这种复合物在 SDS-聚丙烯酰胺凝胶系统中的电泳迁移率不再受蛋白质原有电荷和分子形状的影响, 而主要取决于椭圆棒的长轴长度即蛋白质亚基分子量的大小。当蛋白质的分子量在 12000~200000 之间时, 电泳迁移率与分子量的对数呈线性关系:

$$\lg M_{\mathrm{w}} = -bm_{\mathrm{R}} + K$$

式中　　M_{w}——分子量；

　　　　m_{R}——相对迁移率；

　　　　b——斜率；

　　　　K——常数。

实验证明，分子量在 12000～200000 之间的蛋白质，用此法测得的分子量，与用其他方法测得的分子量相比，误差一般在 ±10% 以内，重复性高。此方法还具有设备简单、样品用量甚微、操作方便等优点，现已成为测定某些蛋白质分子量的常用方法。值得提出的是，此方法虽然适用于大多数蛋白质分子量的测定，但对于一些蛋白质，如带有较大辅基的蛋白质（如某些糖蛋白）、结构蛋白（如胶原蛋白）、电荷异常或构象异常的蛋白质（如组蛋白 F_1）和一些含二硫键较多的蛋白质（如一些受体蛋白）等是不适用的，因为它们在 SDS 体系中，电泳的相对迁移率与分子量的对数不呈线性关系。

聚丙烯酰胺凝胶有下列特性：

（1）在一定浓度时，凝胶透明，有弹性，机械性能好；

（2）化学性能稳定，与被分离物不起化学反应，在很多溶剂中不溶；

（3）对 pH 和温度变化较稳定；

（4）几乎无吸附和电渗作用，只要 Acr 纯度高，操作条件一致，则样品分离重复性好；

（5）样品不易扩散，且用量少，其灵敏度可达 6～10μg；

（6）凝胶孔径可调节，根据被分离物的分子量选择合适的浓度，通过改变单体及交联剂的浓度调节凝胶的孔径；

（7）分辨率高，尤其在不连续凝胶电泳中，集浓缩、分子筛和电荷效应为一体，因而较醋酸纤维薄膜电泳、琼脂糖电泳等有更高的分辨率。

凝胶浓度的选择与被分离物质的分子量密切相关，本实验采用垂直平板形式以不连续系统的 SDS-聚丙烯酰胺凝胶进行电泳，凝胶浓度为 10%。

聚丙烯酰胺凝胶电泳分为连续系统与不连续系统两大类。

不连续体系由电极缓冲液、浓缩胶及分离胶所组成。浓缩胶是由 AP 催化聚合而成的大孔胶，凝胶缓冲液为 pH6.8 的 Tris-HCl。分离胶是由 AP 催化聚合而成的小孔胶，凝胶缓冲液为 pH8.8 的 Tris-HCl。电极缓冲液是 pH8.3 的 Tris-甘氨酸。2 种孔径的凝胶、2 种缓冲体系、3 种 pH 值使不连续体系形成了凝胶孔径、pH 值、缓冲液离子成分的不连续性，这是样品浓缩的主要因素。

SDS-PAGE 不仅能测定未知蛋白质的分子量，也能检测样品中蛋白质的组成情况，根据电泳图谱中区带的存在与否、色泽深浅以及所处的分子量范围，可以判断样品中是否含有某种蛋白质，有哪些杂蛋白组分，各蛋白质组分的相对含量等信息。本实验采用 SDS 不连续系统垂直板型电泳检测从绿豆芽中提取的粗酶溶液中酸性磷酸酯酶以及杂蛋白的组成情况。酸性磷酸酯酶的分子量为 55000±5000。

3　实验器材

3.1　DYY-Ⅲ-4 型常压电泳仪：北京市六一仪器厂生产，1 套/组。

3.2　DYCZ-24E 电泳槽：1 套/组。

3.3　DYCZ-24E 制胶装置：1 套/组。

3.4　HH-2 型数显恒温水浴锅：公用。

3.5　取样器：1mL、5mL 各 1 只/组，分别用于准确量取 0.1～1mL 以及 1～5mL 溶液。

3.6　pHS-3C 型 pH 计：上海雷磁仪器厂生产，配试剂时教师使用。

3.7　100mL 小烧杯：2 只/组。

3.8　电炉：公用。

3.9　500mL 烧杯：公用。

3.10　浮漂（3 孔）：1 只/组。

3.11　不锈钢镊子：公用。

3.12　100μL 微量进样器：1 只/组，用于准确量取 1～100μL 溶液。

3.13　透明塑料饭盒：1 只/组。

3.14　100mL 塑料小烧杯：2 只/组，平衡离心管用。

3.15　Eppendorf 管：公用。

3.16　洗瓶（内装重蒸馏水）：1 只/组。

3.17　药勺：1 只/组。

3.18　刀片：1 只/组。

3.19　脸盆：1 只/组。

4　实验试剂

4.1　0.5mg/mL 的 marker 标准蛋白质溶液：称取低分子量的标准蛋白质 marker 样品 0.5mg 放入洁净的 1.5mL 的 Eppendorf 管中，加入 0.5mL "2×样品稀释液"，再加 0.5mL 重蒸馏水，使之溶解，再按每管 100μL 分装，盖好密封，用记号笔做上 "M" 标记，贮存 于−20℃冰箱中备用。

4.2　凝胶贮液：30g 丙烯酰胺、0.8g 亚甲基双丙烯酰胺，溶于 100mL 重蒸馏水中，于 4℃暗处贮存，一个月内使用。

4.3　1mol/L、pH8.8 的 Tris-HCl 缓冲液：Tris 121g 溶于重蒸馏水中，用浓 HCl 调至 pH8.8，以重蒸馏水定容至 1000mL。

4.4　0.5mol/L、pH6.8 的 Tris-HCl 缓冲液：仿 4.3 配制。

4.5　10%SDS：10g SDS 定容于 100mL 重蒸馏水中，按每份 1mL 分装于 Eppendorf 管 中，盖好密封，用记号笔做上 "S" 标记，−20℃贮存。SDS 用分析纯，南京凯基生物科技 发展有限公司生产，如是化学纯则需处理。

4.6　10%过硫酸铵溶液：10g 过硫酸铵定容于 100mL 重蒸馏水中，按每份 1mL 分装 于 Eppendorf 管中，盖好密封，用记号笔做上 "A" 标记，−20℃贮存。

4.7　四甲基乙二胺（TEMED）。

4.8　电极缓冲液（pH8.3）：Tris 30.3g，甘氨酸 144.2g，SDS 10g，溶于重蒸馏水并 定容至 1000mL，使用时 10 倍稀释。

4.9　2×样品稀释液：SDS 500g、β-巯基乙醇 1mL、甘油 3mL、溴酚蓝 4mg、1mol/L pH6.8 Tris-HCl 2mL，用重蒸馏水溶解并定容至 10mL，按每份 1mL 分装于 Eppendorf 管 中，盖好密封，用记号笔做上 "L" 标记，−20℃贮存。此液制备样品时，样品若为固体，应稀释 1 倍使用；样品若为液体，则加入与样品等体积的原液混合即可。本溶液也叫上样缓冲液（loading buffer），功能主要有三个：第一，溴酚蓝起到指示剂的作用，显示电泳的进程，以便适时终止电泳；第二，甘油可以加大样品密度，从而沉降到点样孔中，防止样品飘出点样孔；第三，SDS 使蛋白质变性。

4.10　固定液：500mL 乙醇，100mL 冰醋酸，用重蒸馏水定容至 1000mL。

4.11　脱色液：250mL 乙醇，80mL 冰醋酸，用重蒸馏水定容至 1000mL。

4.12　染色液：0.29g 考马斯亮蓝 R-250 溶解在 250mL 脱色液中。

4.13　自制的粗酶液。

5　实验操作

5.1　制板：用试管刷刷洗制胶槽、玻璃板和盖板，特别注意清除掉盖板以及制胶槽上的密封圈上的残余凝胶，再用重蒸馏水冲洗制胶槽、玻璃板和盖板，最后用酒精棉球擦拭制胶槽、玻璃板和盖板，并将其晾干或电吹风热风吹干。制胶装置零部件见图 17.13。

图 17.13　制胶装置零部件

将制胶玻璃板按照平、凹顺序放入制胶槽内，一共放 4 套，盖上有机玻璃盖板，用四只夹子夹紧，受力点在密封条位置，务必密封，以防漏胶，参见图 17.14。

5.2　制胶

5.2.1　制备 10％的分离胶：在小烧杯中，按表 17.5 的配方和顺序配制 10％浓度的分离胶。请注意，其中的 10％过硫酸铵（标记为 A）必须最后加入，总量应根据制胶装置的大小而决定，本实验为 45mL 左右，可制作 4 块胶。

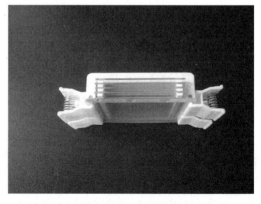

图 17.14　制胶装置

表 17.5　10%分离胶配制方法

试剂	体积/mL	试剂	体积/mL
凝胶贮液	15	TEMED	0.03
1mol/L pH8.8 Tris-HCl	16.8	10%过硫酸铵(标记为 A)	0.15
重蒸馏水	13.05	合计	45.48
10%SDS(标记为 S)	0.45		

分离胶液混匀后，迅速用 5mL 取样器吸取胶液，加至任意一个平、凹玻璃板间的间隙中，注意使胶液顺着凹面玻璃板的表面流下，加胶要迅速，由于 4 个平、凹玻璃板间的间隙是通过制胶槽底部的通道相通的，所以 4 个间隙中的液面会同时上升，当分离胶液面距离平面玻璃板顶端约 2cm 处时停加胶液，参见图 17.15。再用 1mL 取样器向 4 个胶的液面上分别注入 1mL 重蒸馏水，利用水的压力平衡分离胶的液面，使分离胶压制成一条直线，并且用于隔绝空气，室温静置 30min 左右，待小烧杯中的残余分离胶液凝固后，制胶装置中的分离胶也就凝固了。也可在

图 17.15　分离胶液面

40℃烘箱中加热 30min，分离胶即可完全凝聚。然后把水倒掉，可见清晰的线状的分离胶界面。

注意：注入重蒸馏水时要快，避免产生过大的压力差，保证各分离胶液面等高。

5.2.2　制备 5%的浓缩胶：这一步必须在分离胶凝聚之后才能做！按照表 17.6 配方及顺序配制 5%的浓缩胶。请注意，其中的 10%过硫酸铵（标记为 A）必须最后加入，总量应根据制胶装置的大小而决定，本实验为 15mL 左右，可制作 4 块胶。

表 17.6　5%的浓缩胶的配制

试剂	用量/mL	试剂	用量/mL
重蒸馏水	8.244	TEMED	0.018
0.5mol/L Tris-HCl 缓冲液(pH6.8)	4.5	10%过硫酸铵(标记为 A)	0.09
10%SDS(标记为 S)	0.18	合计	15.912
凝胶贮备液(Acr/Bis)	2.88		

将浓缩胶在小烧杯中混匀，迅速用 5mL 取样器吸取胶液，沿着凹面玻璃板表面将其灌注在每块分离胶上，直至浓缩胶的液面达到平面玻璃板顶部，小心插入加样梳，参见图 17.16，避免混入气泡，室温静置 30min 左右，待小烧杯中的残余浓缩胶液凝固后，制胶装置中的浓缩胶也就凝固了。

也可在 40℃烘箱中加热 30min 左右，浓缩胶完全凝聚。

凝聚后，用两手轻缓拔出加样梳，防止把点样孔弄破，参见图 17.17。用洗瓶冲洗点样孔，以除掉未凝聚的丙烯酰胺等杂物。先甩干后用滤纸吸，以彻底清出点样孔中的水。在点样孔中加入已稀释的电极缓冲液，对点样孔进行平衡并防止点样孔干燥。

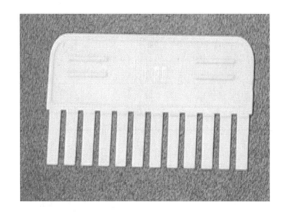

图 17.16 加样梳

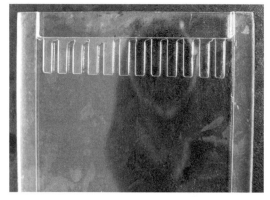

图 17.17 点样孔

5.3 样品处理：下面两步中的加热操作可同步进行。

5.3.1 标准样品处理：先用电炉将烧杯中的自来水烧开，再取 0.5mg/mL 的 marker 标准蛋白质溶液（标记为 M）0.1mL 加入 Eppendorf 管中，密闭，插到浮漂上，用不锈钢镊子将浮漂放到沸水浴中加热 5min，取出，冷却至室温备用。

5.3.2 待测样品处理：用自制的粗酶液作为待测样品，取没有稀释的粗酶液 0.1mL，在 Eppendorf 管中与 2×样品稀释液（标记为 L）等体积混匀，密闭，插到浮漂上，参见图 17.18。用不锈钢镊子将浮漂放到沸水浴中加热 5min，取出，冷却至室温备用。

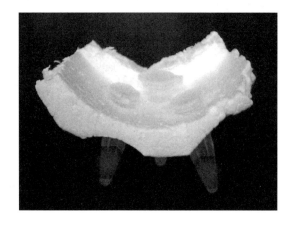

图 17.18 浮漂和 Eppendorf 管

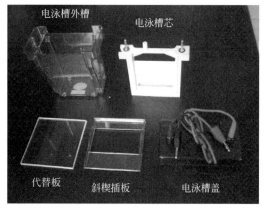

图 17.19 电泳槽零部件

5.4 点样：松开制胶槽上的夹子，取出中间夹有凝胶的平、凹两块玻板（三者粘在一起的，切勿分开，称作凝胶板三联体），用自来水冲刷并用手抹去表面上的残余凝胶，倾尽点样孔中的液体，以点样孔朝上，按凝胶板三联体（凹面玻璃朝外，平面玻璃朝内）、电泳槽芯、另一块凝胶板三联体（凹面玻璃朝外，平面玻璃朝内）、斜楔插板的排列顺序，装进电泳槽，并用斜楔插板插紧，牢牢固定，参见图 17.19 和图 17.20。

用 100μL 微量进样器取 20μL 处理过的标准样品点到正中央的点样孔中，而处理过的待测样品点到左、右两边的点样孔中，隔一个点一个，每个点样孔点 40μL，每人记住自己的点样位置，参见图 17.21 和图 17.22。

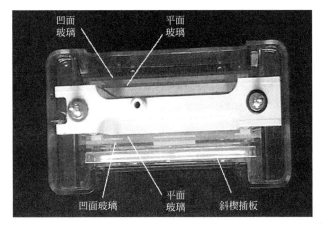

图 17.20　俯瞰电泳槽

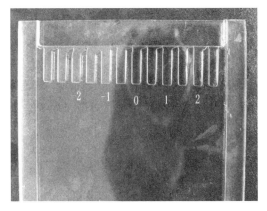

图 17.21　点样位置标记

图 17.22　点样实例

5.5　电泳：向电泳槽的内槽加入电极缓冲液使其溢出而流到外槽，使外槽中的电极缓冲液液面高度约为 5cm。

对准电泳槽芯的正负电极，盖上电泳槽的盖子，将整个电泳槽置于盛有自来水的盆中（作冷凝用）。某些型号的电泳槽自带冷凝装置，只要接上自来水就可起到冷凝作用，参见图 17.23。

将盖子上的正、负电极插到电泳仪上的正、负极插孔中，将稳压旋钮调到最小，而稳流旋钮调到最大，插上电泳仪的电源插头。打开电源开关，调整稳压旋钮使电压为 120V。设置电泳起始时间，即用快进和慢进按钮将时钟调整为 0:00；再设置电泳结束时间，即在按住定时按钮的前提下用快进和慢进按钮将时钟调整为 3:00。开始电泳，直至蓝色前沿迁移至离凝胶最下端约 2cm 时，关掉电泳仪开关，拔下插头，停止电泳。

5.6　固定：从水盆中取出电泳槽，打开电泳槽盖子，将电泳槽内的电极缓冲液回收，取出斜楔插板，拿出夹着凝胶的玻板，将其置于盛有自来水的盆中。在平、凹两块玻璃板间隙之间，用药勺柄轻轻撬动，即可将胶面与平面玻璃板分开，再用刀片沿着凝胶与凹面玻璃板的结合部位划开，抖动玻璃板使凝胶脱离玻璃板而滑入水中，用手轻轻将凝胶托起放入透明塑料饭盒中。加入固定液使凝胶浸没，晃动盒子使反应均匀，加盖密闭，室温下固定 30min，回收固定液。

5.7 染色：加入染色液使凝胶浸没，晃动盒子使反应均匀，参见图 17.24。

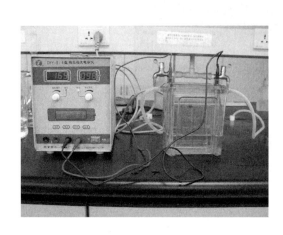

图 17.23 DYY-Ⅲ-4 型常压电泳仪和电泳槽的连接　　　　　图 17.24 染色

加盖密闭，置于 60℃恒温水浴锅中染色 10min，回收染色液。

5.8 脱色：凝胶先用自来水洗去表面的残余染色液，加入脱色液使凝胶浸没，加盖密闭，置于 60℃恒温水浴锅中加热 30min，更换新的脱色液再处理 30min，最后将凝胶浸泡于脱色液中室温静置过夜，次日用自来水反复漂洗凝胶 3 次，所得之凝胶背景为无色而蛋白质样品为蓝色。

5.9 拍照：将凝胶捞出，平铺在玻璃板上，然后在玻璃板底下垫一张纯白的打印纸，这样就将凝胶置于白色的背景下，拍照（请关闭闪光灯）。

6 实验记录、计算与实验结果

将照片打印出来贴到实验报告上，参见图 17.25。

由图 17.26 给出的标准 marker 蛋白质的电泳图谱及其对应分子量，参照酸性磷酸酯酶的分子量 55000±5000，在样品电泳图谱中判断样品中是否含有酸性磷酸酯酶，是否含有杂蛋白，并由区带色泽深浅推测酸性磷酸酯酶和杂蛋白的相对量。请直接在电泳图谱上标明上述结论，包括组分名称（如酸性磷酸酯酶和杂蛋白）和分子量范围。注意，样品实际电泳图谱中标准 marker 蛋白质最上面的区带是分子量为 116.0kDa 的 β-半乳糖苷酶。有条件的实验室还可以使用生物电泳分析系统进行拍照和进一步分析处理。

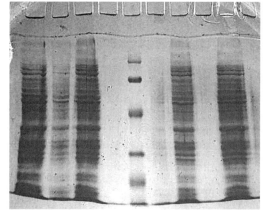

图 17.25 实际电泳图谱
（中间的是标准 marker 蛋白质）

7 思考题

7.1 为什么样品要在电泳前进行高温处理？

7.2 浓缩胶在电泳中起什么作用？

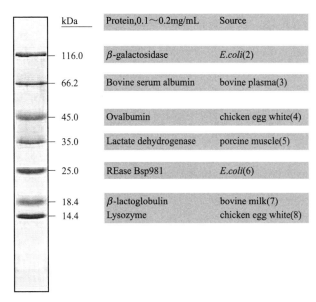

kDa	Protein, 0.1~0.2mg/mL	Source
116.0	*β*-galactosidase	*E.coli*(2)
66.2	Bovine serum albumin	bovine plasma(3)
45.0	Ovalbumin	chicken egg white(4)
35.0	Lactate dehydrogenase	porcine muscle(5)
25.0	REase Bsp98I	*E.coli*(6)
18.4	*β*-lactoglobulin	bovine milk(7)
14.4	Lysozyme	chicken egg white(8)

图 17.26　标准 marker 蛋白质电泳图谱

7.3　请在实验时注意观察，是点样前加电极缓冲液好还是点样后加电极缓冲液好？

7.4　如果电泳过程中发现电泳槽的电极缓冲液液面在缓慢上升，这是什么原因造成的？应怎样解决？

8　注意事项

8.1　PAGE 对水的要求非常高，必须用重蒸馏水或者某些市售的纯净水（如娃哈哈纯净水），切勿使用自来水、矿泉水和一般蒸馏水。

8.2　丙烯酰胺和亚甲基双丙烯酰胺是神经性毒剂，对皮肤也有刺激作用，配试剂时需戴医用手套，以避免与皮肤接触。

8.3　丙烯酰胺和 SDS 的纯度直接影响实验结果的准确性，因此对不纯的丙烯酰胺和 SDS 试剂应进行重结晶处理。

8.4　SDS 缓冲液在低温保存时产生沉淀，因此，SDS 电泳应在室温中进行。

8.5　温度对聚合速度影响显著，为保证凝胶质量，需根据室温变化适当调整凝胶浓度及催化剂用量。

8.6　电泳过程产生热量，温度过高会使区带扩散或蛋白质变性，因此，电泳时需注意冷却装置或在 0~4℃ 冰箱中进行。

实验 18　1,6-二磷酸果糖的提取

1　实验目的

1.1　指导学生用离子交换法和酶法提取目标产物，学习基本原理及操作技能；

1.2　培养和提高学生熟练运用生物分离技术原理的能力以及掌握生物分离技术的基本

方法和技能；

1.3 培养学生正确记录实验数据和现象、正确处理实验数据和分析实验结果的能力。

2 实验原理

1,6-二磷酸果糖 (fructose-1,6-diphosphate)，CAS 号 217305-49-2，[α] ＋4.04°～＋4.15°，pK_1 为 1.48，pK_2 为 6.1，冻干粉为白色易流动粉末，极易吸水，易溶于水。高 pH、高温对 1,6-二磷酸果糖三钠盐水溶液作用一定时间易引起 1,6-二磷酸果糖分解，氧化剂仅使 1,6-二磷酸果糖三钠盐水溶液颜色变深而对其 1,6-二磷酸果糖含量无影响，电解质含量对 1,6-二磷酸果糖三钠盐水溶液外观、颜色和 1,6-二磷酸果糖含量均无明显影响。

生产 1,6-二磷酸果糖的方法主要有微生物发酵法和酶法。

2.1 微生物发酵法：微生物发酵法具有工艺简单、收率较好、安全可靠等优势。1,6-二磷酸果糖产生菌株多属于酵母，从发酵液中提取 1,6-二磷酸果糖是整个下游工艺的重要过程，主要包括酵母菌培养发酵→过滤、脱色等预处理→提取分离→浓缩结晶→洗涤→烘干→成品。

2.2 酶法：酶法分析具有高度的专一性，酶可以和低浓度的底物、抑制剂、辅助因子和激活剂起专一的反应。因此，酶可以在一个复杂的体系中，不受其他物质的干扰，准确地测出某物质的含量。目前，国外已普遍将酶法分析用于化学分析和临床诊断方面。酶法分析有以下优点：

(1) 可以从复杂组分中检测某一成分而不受或少受其他共存成分的干扰；

(2) 试料配制简便，分析操作微量化，从而可节省费用；

(3) 可快速、精确测定。

本实验将采用离子交换法从酵母发酵液中分离提取 1,6-二磷酸果糖。

采用离子交换法提取 1,6-二磷酸果糖，纯度较高、质量稳定，符合工业生产要求；其离子交换树脂是一类带有活性功能基，由树脂母体（骨架）和交换基团构成，能通过所带的可交换离子与介质（水、有机溶剂、气体）中的其他离子进行交换的粒状物质（图 18.1）。1805 年英国科学家首次发现了土壤中的 Ca^{2+} 和 NH_4^+ 的交换现象，1876 年科学家 Lemberg 揭示了离子交换的可逆性和化学计量关系，1935 年人们首次人工合成了离子交换树脂并在 1940 年开始应用于工业领域。离子交换剂是实现交换功能的最基本物质，离子交换色谱要取得较好的效果首先要选择合适的离子交换剂。

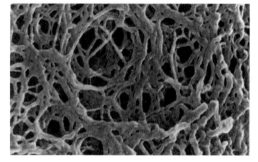

图 18.1 离子交换树脂的骨架结构

离子交换法主要依赖电荷间的相互作用，利用带电分子中电荷的微小差异而进行分离（图 18.2）。选择适当条件可使一些溶质分子变成离子态，通过静电作用结合到离子交换剂上，而另一些物质不能被交换，这两种物质就可被分离。带同种电荷的不同离子虽都可以结合到同一介质上，但由于带电量不同，与介质的结合牢度不同，改变洗脱条件可依次被洗脱而达到分离的目的。离子交换是可逆反应，选择分离因素最高的 HJ-30 弱碱性阴离子交换树脂作为本次实验的离子交换树脂。

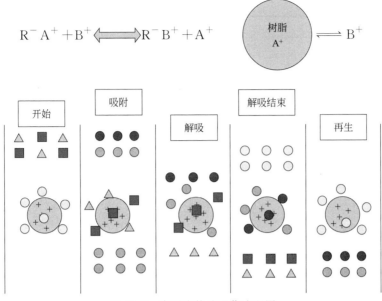

图 18.2 离子交换法工作流程图

○ 启动缓冲计数离子； △ 待分离物质； ● 梯度离子

3 实验器材

实验器材如表 18.1 所示。

表 18.1 实验器材

设备	型号	生产厂家
恒温调速摇瓶柜	HYG-Ⅱa	上海欣蕊自动化设备有限公司
光学显微镜	CX31	日本奥林巴斯株式会社
数显酸度计	PHS-3C	上海精密科学仪器有限公司
电子天平	BS210S	北京赛多利斯天平有限公司
超净工作台	SW-CJ-1F	苏州净化设备厂
灭菌锅	HVE-50	华粤行仪器有限公司
冰箱	BCD-201MLA	合肥美菱股份有限公司
离心机	universal 320R	Hettich
紫外可见分光光度计	UV-2800H	尤尼柯(上海)有限公司
高倍显微镜	BD-XY	深圳博视达光学仪器有限公司
数显恒温水浴锅	HH-2	国华电器有限公司
超声破碎仪	JY92-2D 型	宁波新芝公司
超滤膜系统	Vivaflow	Sartorius
红外快速干燥箱	WS70-2	巩义市英峪予华仪器厂
数显显微熔点测定仪	X-4 型	北京泰克仪器有限公司
磁力搅拌器	RT-200	IKA
旋转蒸发仪	R-25	瑞士 Buchi

续表

设备	型号	生产厂家
布氏漏斗	50～150mm	四川蜀牛实验仪器厂
抽滤瓶	500～1000mL	四川蜀牛实验仪器厂
弱碱性阴离子交换树脂	HJ-30	南开大学化工厂

4 实验试剂

菌株为 *Saccharomyces cerevisiae* CGMCC 4349 (图 18.3)，保藏于中国普通微生物菌种保藏管理中心，实验室保藏编号为 YW32；菌落在 PDA 培养基上呈圆形，表面光滑，边缘整齐，有光泽，光学显微镜下细胞呈圆形和椭圆形；26S DNA 在 Genbank 接受号为 HQ677628；其生理生化特性见表 18.2。

表 18.2 酵母菌生理生化特性

性质	描述	性质	描述
葡萄糖	+	半乳糖	+
蔗糖	+	阿拉伯糖	—
乳糖	+	甲醇	—
果糖	+	乳酸	—
木糖	+	甘油	+
麦芽糖	+	生长温度	15～40℃
鼠李糖	+	最适生长温度	28℃
山梨糖	—	pH	5.5～7.5
棉子糖	—	最适 pH	6.5

实验所用主要试剂如下：葡萄糖，酵母膏（粉），琼脂粉，$MgSO_4 \cdot 7H_2O$，$CuSO_4 \cdot 5H_2O$，$MnCl_2 \cdot 4H_2O$，玉米浆，酚酞，乙酸钡，盐酸，氢氧化钠，氯化钠，乙醇，麦芽。

培养基组分如下：

（1）平板培养基（g/L）：葡萄糖 20，酵母粉 1，$MgSO_4 \cdot 7H_2O$ 0.1，琼脂 1.5，pH 6.5。

（2）种子培养基（g/L）：葡萄糖 20，酵母粉 1.5，玉米浆 1，pH 6.5。

（3）发酵培养基（g/L）：葡萄糖 20，酵母粉 2.0，玉米浆 1，$CuSO_4 \cdot 5H_2O$ 0.01，$MnCl_2 \cdot 4H_2O$ 0.01，pH 6.5。

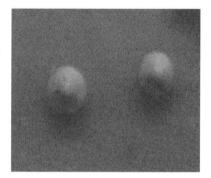

图 18.3 CGMCC 4349 菌株

5 实验操作

5.1 微生物发酵法

5.1.1 酵母菌培养方法

（1）平板培养

① 配制平板培养基　按照平板培养基配方称量试剂，加热搅拌至琼脂完全溶化，补无菌水至 1000mL。以 50mL/250mL 的体积比例分装到 20 个三角烧瓶中，棉塞包住三角瓶口，用牛皮纸封住瓶口。放入高压蒸汽锅灭菌，121℃灭菌 20min；同时超净工作台紫外灭菌 20min。灭菌结束后，将三角瓶、空白平板等放入超净工作台内，冷却 20min。打开酒精灯和通风口，用酒精擦拭双手及实验台，风干后倒平板，一个培养基对应一个平板，左手无名指托板底，中指和大拇指捏住板盖边缘缓缓打开，右手倒培养液，培养液体积占平板体积的 1/3，倒置放置，待培养液冷却后，正放平板。

② 平板接种　右手将接种环灼烧至铁丝变红，反复灼烧 3 遍，左手拿 YW32 菌种甘油保藏管，打开，接种环取一环菌落接种到平板培养基上，采取三区划线法。接种完毕后，盖上甘油保藏管和平板，接种环上的余菌再次灼烧灭菌，熄灭酒精灯。

③ 平板培养　将培养基放入恒温培养箱进行培养，培养温度为 30℃，培养时间为 3 天。实验结束，收拾超净工作台和实验区。

（2）种子培养

① 配制种子培养基　按照种子培养基配方称量试剂，搅拌至所有成分完全溶解，补水至 1000mL。以 50mL/250mL 的体积比例分装到 20 个三角烧瓶中，棉塞包住三角瓶口，用牛皮纸封住瓶口，并且配制 20 瓶无菌水（50mL/250mL），与空白平板一起放入高压蒸汽锅灭菌，121℃灭菌 20min；同时超净工作台紫外灭菌 20min。灭菌结束后，将种子三角瓶、无菌水等放入超净工作台内，冷却 10min。

② 种子液接种　取 20 个平板培养基到超净工作台内，打开酒精灯和通风口，用酒精擦拭双手及实验台，风干后将接种环灼烧三遍灭菌，打开平板培养基，挑选一环长势较好、单一且较大的菌落到空白平板上，移液枪吸取 5mL 无菌水至空白平板上，反复吸打制备成菌悬液。一个平板培养基对应一个种子培养基，各吸取 1mL 菌悬液接入到种子培养基中，在酒精灯旁，轻微转动三角瓶瓶口灭菌，棉纱布包住三角瓶口即可（不用牛皮纸，保证通气）。

③ 种子培养　放入 30℃摇床中，转速为 180r/min，培养 48h 作为种子液。收拾超净工作台和实验区。

（3）摇瓶发酵培养

① 配制发酵培养基　按照发酵培养基配方称量试剂，搅拌至所有成分完全溶解，补水至 1000mL。以 50mL/250mL 的体积比例分装到 20 个三角烧瓶中，棉塞包住三角瓶口，用牛皮纸封住瓶口，放入高压蒸汽锅灭菌 121℃，灭菌 20min；同时超净工作台紫外灭菌 20min。灭菌结束后，将发酵三角瓶、种子培养基放入超净工作台内，冷却 10min。

② 发酵液接种　打开酒精灯和通风口，用酒精擦拭双手及实验台，用移液枪以 10% 的接种量吸取种子培养液到发酵培养基中，棉纱布包住三角瓶口。

③ 发酵培养　放入恒温调速摇瓶柜中，设置温度为 30℃，转速 180r/min，发酵 48h，获得酵母菌发酵液。

5.1.2　发酵液中 1,6-二磷酸果糖含量的测定

（1）发酵液预处理　酵母菌发酵液以 3000r/min 离心，20min 后，取上清液 0.25mL，加 1.0mL 蒸馏水混匀，滴加 1 小滴 1%（质量分数）的酚酞指示剂，混匀。用微量取液器吸取 0.01mol/L NaOH 调 pH，直至试管中溶液呈微红（pH 约 8.3）。此时加入 25%（质量分数）的乙酸钡溶液 0.5mL，继续用 0.01mol/L NaOH 调至沉淀物保持微红色，放置在室

温下 15min 后，2000r/min 离心 10min，倒掉上清液。在白色沉淀中加 75％（体积分数）的乙醇少许，在 WX-80 型振荡器上充分混匀后，2000r/min 离心 10min，倾倒上清液，保留沉淀，重复一次。经上述处理过的白色沉淀再加浓盐酸 3.0mL，充分混匀后，2000r/min 离心 10min，将离心上清浓盐酸溶液收集于另一干净试管中，重复上述操作，收集浓盐酸溶液 3.0mL 于同一干净试管中，共 6.0mL 备用。

（2）标准曲线与检测　吸取上述洗涤浓盐酸溶液 0.10mL，加蒸馏水 1.0mL、显色液 0.5mL、浓盐酸 3.4mL 后，充分混匀。同时按工作曲线中第 0 管和第 10 管配制空白管和标准管。80℃水浴 14min，冷却至室温后测光吸收值，制作标准曲线。

5.1.3　样品预处理：将酵母菌发酵液 5000r/min 离心 15min，收集离心上清液。向上清液中加入 0.5％活性炭（即 100mL 溶液中加入 0.5g 颗粒活性炭），在机械搅拌下加热至 60℃，脱色 1h，进行恒温纱布抽滤，得到的滤液再次真空抽滤，即得到发酵预处理液。

5.1.4　超滤膜分离

（1）膜系统的预处理　选用截留分子量为 2000 的聚酰胺超滤膜，装入超滤膜系统，打开泵，用去离子水清洗膜面；打开阀，使去离子水流经膜孔，清洗膜孔，直到检测到透过膜流出的清洗液为中性时停止；计算正常的水通量；将进水管取出水面，排空。

（2）进样　将进样管放进预处理好的发酵液中，收集透过液，测定 1,6-二磷酸果糖的含量。

（3）膜系统的清洗　先用去离子水清洗膜面；打开阀，使去离子水流经膜孔，清洗膜孔，直到检测到透过膜流出的清洗液为中性时停止；用 NaOH 全循环半小时，关闭泵及系统。

5.1.5　离子交换分离

（1）树脂的预处理　在树脂生产过程中，会残留些许低聚合物、单体、致孔剂及无机杂质，逐渐溶解释放，影响分离效果，因此必须对树脂进行使用前预处理。

HJ-30 弱碱性阴离子交换树脂的预处理：采用酸-水-碱-水的处理步骤，称取适量干树脂于三角瓶中，用饱和氯化钠浸泡 24h，再逐渐向溶液中加蒸馏水稀释，以避免树脂突然溶胀破裂。浸泡后倾去上层溶液，将树脂装入柱中，加入两倍体积的 5％盐酸，以适当流速进行循环浸泡洗涤 4h，用适量纯水洗涤树脂，直到流出液 pH 为 4.0 左右，再用两倍体积的 5％ NaOH 进行循环浸泡洗涤 4h，再次用适量纯水洗涤树脂柱，直到流出的 pH 为 8.0 左右。又一次用 3 倍量的 5％NaOH 流洗，除去碱液，使树脂变为 OH 型，最后用纯水流洗至 pH 为中性，并用 AgNO$_3$ 检测无沉淀，即氯离子去除干净。

（2）装柱　在预处理的过程中因为采用了动态上柱处理，因此不再需要额外的装柱过程。但应注意检查排出离子柱内的气泡，液面要高于树脂柱平面，柱高径为 30cm×3cm。

（3）上样　离子交换树脂对发酵液中不同离子有不同的吸附力，一般来说，高价离子会优先被吸附。然而在洗脱过程中，通常是低价离子优先被解吸下来，目的产物会因为洗脱剂对交换树脂的吸附力强度不够，导致解吸率很低。采用两步法洗脱，第一步用 0.01mol/L NaCl-0.015mol/L HCl，除去无机磷酸根、6-磷酸果糖；第二步用 0.4mol/L NaCl-0.15mol/L HCl 将 1,6-二磷酸果糖洗脱下来。

取处理好的样品溶液 30mL，pH 为 6.5，分离温度为 35℃，通过蠕动泵将溶液以 5mL/min 的流速加入离子交换树脂柱内，加样完成后平衡半小时，加入洗脱液进行洗脱，洗脱液每隔 50mL 收集一管，对其进行 1,6-二磷酸果糖含量的测定，最后加入蒸馏水进行洗涤。

5.1.6 浓缩与结晶：将收集的离子交换树脂洗脱液加入旋转蒸发仪，在50MPa、65℃条件下进行减压浓缩，直到体积变为原体积的40%～50%。将浓缩液进行逐渐降温结晶，150r/min缓慢搅拌进行结晶，从自然冷却→自来水冷却→冷冻水冷却至1,6-二磷酸果糖晶体完全析出，将结晶液进行抽滤，冷冻干燥，获得1,6-二磷酸果糖。

5.2 酶法

5.2.1 酶法合成1,6-二磷酸果糖：取30g处理过的酵母细胞，加入100mL含有0.55mol/L葡萄糖、0.2mol/L NaH_2PO_4、0.2mol/L Na_2HPO_4 和10mmol/L $MgCl_2$ 等物质的反应液，在37℃搅拌反应4h。

5.2.2 细胞通透性的改变：以5000r/min离心15min，取沉淀，用pH＝7的生理盐水洗涤菌体，重复3遍，加入0.85%的NaCl、1mol/L葡萄糖和1mol/L磷酸盐1:1:1构成的质壁分离剂，在6%的甲苯溶液中搅拌1h，达到破壁效果。

5.2.3 1,6-二磷酸果糖的结晶：用4mol/L的NaOH将30%的1,6-二磷酸果糖调pH至4.8～5.0，加入10g/100mL的媒晶剂，搅拌均匀后，加入1.5倍95%的酒精，在25℃下搅拌至结晶完毕。

5.2.4 1,6-二磷酸果糖的测定：酶法偶联测定1,6-二磷酸果糖。高度专一的"偶联工具酶"使被测酶反应能继续进行到某一可直接、连续、简便、准确测定阶段。在这里由于NADH转变成 NAD^+，NADH在340nm处有明显的吸收峰，而且很稳定，而 NAD^+ 在该波长无光吸收，由此可根据NADH在340nm处吸光值的变化来测定1,6-二磷酸果糖含量。

本方法中1,6-二磷酸果糖和NADH均为底物，因此为双底物反应，将NADH大大过量，使1,6-二磷酸果糖作为限速反应因素，使1,6-二磷酸果糖的变化与NADH的减少相偶联，通过吸光值的变化来计算1,6-二磷酸果糖的含量。

5.2.5 细胞通透性用亚甲基蓝法检测：取0.05%亚甲基蓝液一滴，置载玻片中央，然后取酵母液少许加入亚甲基蓝液中混匀，染色2～3min，加盖片，于高倍镜下进行观察，并计数已变蓝的细胞与未变蓝的细胞（可计5～6个视野的细胞数）。

5.2.6 酶活的测定：称取经处理的湿菌体1g，加入5mL反应液（0.55mol/L葡萄糖、0.2mol/L NaH_2PO_4、0.2mol/L Na_2HPO_4、10mmol/L $MgCl_2$）于37℃反应4h，加热灭酶，3000r/min离心10min，取上清液测定1,6-二磷酸果糖含量，计算每克湿菌体产生1,6-二磷酸果糖的质量（mg），以此表示经不同方法处理后的1,6-二磷酸果糖酶系的活力。

6 实验记录、计算与实验结果

6.1 计算离子交换树脂吸附效果。

交换量/(g/mL)	上柱1,6-二磷酸果糖总量/g	1,6-二磷酸果糖泄漏损失/g	损失百分率/%

$$Q = (C_0 - C) \times V/W$$

式中 Q——离子交换树脂交换量，g/mL；

C_0——起始样品中1,6-二磷酸果糖浓度，g/L；

C——平衡后样品中1,6-二磷酸果糖浓度，g/L；

V——样品液体积，L；

W——湿树脂体积，mL。

6.2 探讨不同洗脱剂对 1,6-二磷酸果糖的洗脱效果。

洗脱	1,6-二磷酸果糖	无机磷酸根
0.015mol/L 的 HCl		
0.1mol/L 的 HCl		
0.01mol/L 的 NaCl、0.015mol/L 的 HCl		
0.2mol/L 的 NaCl、0.04mol/L 的 HCl		
0.4mol/L 的 NaCl、0.15mol/L 的 HCl		
0.4mol/L 的 NaCl、0.2mol/L 的 HCl		

6.3 探讨不同洗脱 pH 对 1,6-二磷酸果糖的洗脱效果。

洗脱	1,6-二磷酸果糖	洗脱	1,6-二磷酸果糖
pH＝5		pH＝6.5	
pH＝5.5		pH＝7	
pH＝6		pH＝7.5	

7 思考题

7.1 种子液摇瓶培养时，为什么要在对数期接种至发酵液？

7.2 配平板培养基时，琼脂最后加的原因是什么？

7.3 请简述离子交换法的原理以及影响离子交换效果的因素是什么？

8 注意事项

8.1 背景知识：作为药物，1,6-二磷酸果糖不宜溶入其他药物，尤其忌与碱性溶液、钙盐混合使用。对 1,6-二磷酸果糖过敏者、高磷酸盐血症及严重肾功能不全者禁用；有心力衰竭者用量减半。

8.2 整个实验过程中穿实验服、戴手套，确保无菌、洁净的实验环境。

8.3 种子液摇瓶培养时，注意培养时间，一般在对数期接至发酵液。

8.4 配制平板培养基时，琼脂最后加；平板培养基冷却至 25℃ 即可倒平板，防止琼脂凝固；倒完平板后先反置超净工作台上，待冷却后放正，主要是防止温热的培养液遇到冷平板产生冷凝水，落在培养基上会产生杂菌。

8.5 所有培养基、器皿灭菌结束戴厚手套取出，防止烫伤；灭菌前检查水位，灭菌过程操作严格规范，确定无误后方可离开。

8.6 温度会影响离子交换分离体系中交换能力，温度越高，吸附作用越弱，保留时间变短，交换能力越强，1,6-二磷酸果糖洗脱速度越快；但温度过高会影响 1,6-二磷酸果糖活性以及离子交换柱交换能力，因此选择 35℃ 作为最适分离温度。

8.7 流速对离子交换分离效果的影响也较大，流速越快，样品溶液与树脂表面液膜的交换时间越短，液膜阻力越小，传质速率增加，交换不完全；流速过慢，洗脱效果差。因此选择 5mL/min 作为洗脱 1,6-二磷酸果糖的最适流速。

8.8 浓缩过程中随着目标产物质量浓度增加，回收率加大，但纯度显著下降，因此离子交换后的 1,6-二磷酸果糖样品液浓缩至最适的质量浓度。

实验 19 酵母发酵液提取分离赤藓糖醇

1 实验目的

1.1 掌握酵母发酵技术。

1.2 获取酵母发酵产的赤藓糖醇。

1.3 掌握发酵产赤藓糖醇精制提纯技术。

2 实验原理

自然界已发现酵母 1500 多种，实验室最常用的是酿酒酵母。酿酒酵母又称面包酵母或者芽殖酵母，广泛应用于物质代谢、周期调控、囊泡运输、细胞自噬和细胞衰老等研究。

赤藓糖醇（化学名：赤丁四醇）是一种四碳糖醇，结构式如图 19.1 所示。

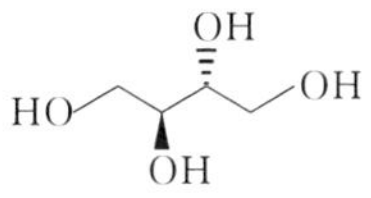

图 19.1 赤藓糖醇结构式

赤藓糖醇甜度纯正且在人和哺乳动物代谢中不参与糖代谢，可以作为糖的替代品供糖尿病、肥胖和低血糖患者食用。赤藓糖醇的制备方法主要是微生物发酵法。

超滤膜可以实现对颗粒直径不同的颗粒之间的分离。本实验中，离心上清液还含有蛋白质与细胞碎片，这些杂质的分子量很大，而赤藓糖醇的分子量十分小，选用截留分子量为 2000 的超滤膜能有效截留杂质分子。

使用离子交换技术进行发酵液脱盐提纯，是利用离子交换剂能够吸附溶液中的一种或者几种离子，同时交换剂释放另一种离子，达到对溶质的吸附作用，然后在另一种溶剂的作用下被吸附的物质被洗脱下来，以达到纯化的目的。根据不同的溶质可选择不同的离子交换剂。

将溶液的溶剂蒸发，使溶质结晶出来。这种方法不能去除原溶液中的可溶性杂质，还需要通过其他的方法对溶质进行提纯。

为得到较纯的固体，通常在较高温度的时候溶解固体使溶液达到饱和，然后降低温度和蒸发溶剂使溶液过饱和，此时会析出纯度较高的溶质固体，再过滤或离心将固体物质与液体分离。

本实验力图在现有技术及实验条件基础上，从酵母菌（CGMCC 4349）发酵液中高效、安全、低成本地提纯赤藓糖醇。

3 实验器材

器材名称	型号	器材名称	型号
电热恒温培养箱	HG303 型	高压灭菌锅	YXQ. SG41. 280
电热恒温干燥箱	HG202 型	电热恒温水浴锅	PSHZ-300

续表

器材名称	型号	器材名称	型号
分光光度计	722 型	旋转蒸发仪	RE-52A
高速离心机	LG10-2.4A	高效液相色谱	LC-20A
电子分析天平	ALC-110.4	振荡恒温培养箱	HZQ-F160
磁力搅拌器	85-2 型	自动部分收集器	BSZ-160
超净工作台	SW-CJ1F		

其他器材：色谱柱、移液器、微孔滤膜、超滤膜。

4　实验试剂

葡萄糖，牛肉膏，酵母膏，蛋白胨，脲，$MgSO_4 \cdot 7H_2O$，甲醇，琼脂，HCl（质量浓度为 4%），NaOH（4%），蒸馏水，去离子水。

001×8 强酸性阳离子交换树脂柱，201×7 强碱性阴离子交换树脂柱。

5　实验操作

首先进行酵母菌活化，将活化后的酵母菌制备成摇瓶种子液，发酵获取发酵液，再对发酵液进行精制，实验路线如图 19.2。

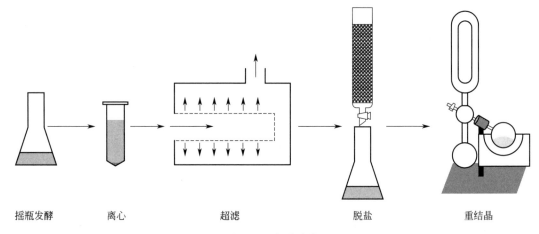

| 摇瓶发酵 | 离心 | 超滤 | 脱盐 | 重结晶 |

图 19.2　实验路线

5.1　酵母的活化

5.1.1　斜面培养基活化酵母

（1）培养基配方：葡萄糖 20g，牛肉膏 3g，酵母膏 5g，蛋白胨 30g，琼脂 20g，蒸馏水 1000mL。

（2）按配方称量药品，加热搅拌至琼脂完全溶化，补水至 1000mL。趁热分装于 18mL×180mL 试管，斜面以 8mL 为宜。

（3）分装完毕后，塞好棉塞并将试管捆扎好。高压蒸汽灭菌，121℃灭菌 20min，灭菌后趁热摆斜面。

5.1.2　斜面接种：接种是将纯种微生物，在无菌操作条件下，移植到已灭菌并适宜该菌生长繁殖所需要的培养基中。为了获得微生物的纯种培养，接种过程必须严格无菌操作。一般是在无菌室内、超净工作台或实验台酒精灯火焰旁进行。

（1）左手拿试管菌种，右手拿接种环，金属环烧灼灭菌，使接种环在空白培养基处冷却后挑取菌落，在火焰旁稍等片刻。

（2）左手将试管菌种放下，拿起斜面培养基。在火焰旁用右手小指和手掌边缘拔下棉塞并夹紧，迅速将接种环伸入空白斜面，在斜面培养基上轻轻划线，将酵母接种于其上。划线时由底部向上一直划到斜面的顶部。注意勿将培养基划破，不要使酵母沾污管壁。

（3）灼烧试管口，在火焰旁将棉塞塞上。接种完毕后，接种环必须灼烧灭菌后才能放下。

（4）斜面置于28℃恒温箱中，培养5～6天观察结果。

5.2　酵母的摇瓶种子制备

5.2.1　菌种：酵母（由5.1活化得到）。

5.2.2　培养基：葡萄糖20g，牛肉膏3g，酵母膏5g，蛋白胨30g，蒸馏水1000mL。

5.2.3　实验步骤

（1）摇瓶种子培养基的制备　取干净三角烧瓶，250mL三角瓶分装培养基30～50mL，用棉塞包扎瓶口，再加牛皮纸包扎，在0.1MPa下灭菌45～60min。

（2）接种　将活化的菌种斜面在无菌的条件下，用接种环挑取酵母，接入配好的种子液之中，并标好记号。

（3）培养与观察　30℃、160r/min旋转式摇床培养2天，观察酵母浓度。

5.3　酵母发酵

5.3.1　接种液：取自5.2中培养好的种子液。

5.3.2　培养基：葡萄糖100g，酵母膏5g，脲1g，$MgSO_4 \cdot 7H_2O$ 0.5g，蒸馏水1000mL。

5.3.3　实验步骤

（1）摇瓶发酵培养基的制备　取干净三角烧瓶，250mL三角瓶分装培养基30mL，用8层纱布包扎瓶口，再加牛皮纸包扎，115℃灭菌20min。

（2）接种　待发酵培养基灭菌后冷却到30℃时，按接种量5%～8%接种酵母。

（3）培养与观察　30℃、160r/min旋转式摇床培养36～40h。发酵过程中，补加灭菌尿素以增加氮源，维持pH值。

5.4　赤藓糖醇晶体回收

方法一：

（1）发酵液处理　将发酵好的酵母菌液移入离心管中，配平后在5000r/min下离心15min。将上清液吸取出来，转入烧杯中，加热至80～90℃，恒温20min，备用。

（2）上清液处理　将上清液用孔径为0.22μm聚醚砜微孔滤膜过滤，滤液再通过截留分子量3000的聚醚砜超滤膜，获得滤液。

（3）脱盐　用大孔强碱性阴离子交换树脂去除发酵液中的离子型色素、部分糖和氮。树脂中的离子，用4倍于样液体积的去离子水洗脱。

① 树脂预处理　树脂在使用前，先用HCl溶液（浓度为4%）浸泡，然后用蒸馏水淋洗至中性，再用NaOH溶液（浓度为4%）浸泡，然后用蒸馏水淋洗至中性，重复四次。最后一次水洗至pH值为7.0左右。

② 过柱 将处理好的上清液滤液先通过色谱柱，填料为 001×8 强酸性阳离子交换树脂，装柱高度 30cm、直径 3cm，在 30℃ 的条件下过柱，收集过柱液。再将过柱液通过另一个色谱柱，该色谱柱填料为 201×7 强碱性阴离子交换树脂，树脂装柱高度 30cm、直径 3cm，在同样条件下过柱，收集过柱液。

（4）脱盐液浓缩、结晶 将上一步骤中过柱液在 65℃ 下旋转蒸发，浓缩至赤藓糖醇质量分数为 60%；浓缩液在 5℃/h 的降温速度、150r/min 的搅拌速度下结晶，冷却至 15℃，保温 10h 使赤藓糖醇晶体析出，4000r/min 离心 10min，获得粗赤藓糖醇晶体。

（5）重结晶 将粗赤藓糖醇晶体与体积分数 15% 的甲醇水溶液按质量比 1∶1.5 混合后搅拌均匀，加热至 80℃ 使粗赤藓糖醇晶体完全溶解；以 15℃/h 的降温速度、150r/min 的搅拌速度冷却至 15℃，保持恒温 5h，待溶液中不再析出赤藓糖醇晶体后以 4000r/min 离心 10min，在 50℃ 真空干燥。

方法二：

（1）发酵液预处理 发酵净化结束后离心或者膜过滤将酵母细胞与发酵液分离，通过纳滤将分子质量大于 1000Da 的大分子黏性物质分离去除，得到澄清透明的发酵液。

（2）脱色 在每 100mL 上述澄清透明的发酵液中加入 1～5g 活性炭，在 60～85℃ 条件下进行脱色，得到无色或者浅色的发酵液。

（3）浓缩 将上述步骤得到的无色或浅色的发酵液在 70℃ 以上浓缩到固形物含量为 50%～80%，得到富含赤藓糖醇的糖浆，以 2～5℃/h 的速率冷却降温直到温度降到 10℃ 以下，在起晶点温度下加入质量/体积百分比为 0.1%～2% 的赤藓糖醇晶体诱导成晶。

（4）分离晶体 采用离心的方法将晶体与糖浆分离，得到白色或者浅黄色的赤藓糖醇粗晶体与赤藓糖醇二次母液，晶体用 10℃ 以下的冷水清洗一次。

（5）精制 将上述赤藓糖醇粗晶体重新精制。

用去离子水溶解晶体，加入质量/体积百分比为 0.1%～5% 的食品级活性炭，在 60～85℃ 条件下搅拌脱色 0.5～3h，板框过滤分离活性炭得到无色的赤藓糖醇糖液，再将该糖液浓缩到固形物含量为 20%～30%，分别进行阴离子树脂（型号 201）与阳离子树脂（型号 001）离子交换，电导率降到 100μS 以下后再浓缩到固形物含量为 50%～80%，得到富含赤藓糖醇的糖浆，以每小时 2～5℃ 的速率冷却降温直到温度降到 10℃ 以下，在起晶点温度下加入质量/体积百分比为 0.1%～2% 的赤藓糖醇晶体诱导成晶（该质量/体积百分比指的是每 100ml 上述富含赤藓糖醇的糖浆中加入 0.1～2g 的赤藓糖醇晶体）。

（6）结晶 采用离心的方法将晶体与糖浆分离，得到白色的赤藓糖醇精制晶体与赤藓糖醇三次母液，晶体用 10℃ 以下的冷水清洗一次，干燥晶体。

（7）回收 将步骤（4）与步骤（6）得到的赤藓糖醇母液合并，按步骤（3）进行结晶，得到的晶体再按步骤（5）精制得到白色的赤藓糖醇晶体。

6 实验结果与结果讨论

6.1 实验结果

（1）测定发酵液中赤藓糖醇含量。

（2）测量上清样液体积，计算洗脱用清水体积。

（3）计算赤藓糖醇样品的收率。

（4）高效液相色谱测量赤藓糖醇纯度。

6.2 结果讨论

（1）如果要提高发酵产率，可以优化的参数有哪些？

（2）交换树脂的选用对赤藓糖醇的收率和纯度有哪些影响？

（3）若要进一步提高赤藓糖醇的纯度，可以优化的参数有哪些？

7 注意事项

7.1 斜面培养基在灭菌后应在未凝固前分装。

7.2 种子培养基在灭菌前应充分混匀至看不见固体。

7.3 种子液不能培养过久，以免影响发酵效果。

7.4 发酵液分装到离心管时，要注意不要将发酵液洒出，以免造成产物丢失。

7.5 发酵液在离心之前，要对对应位置的离心管进行配平，以免造成离心机损坏。

7.6 发酵液离心好之后，在取上清液时注意不要吸取底部的沉淀，以免造成回收产物纯度偏低。

7.7 过滤时注意不要将滤膜戳破，以免造成过滤效果不好。

7.8 过滤时控制流速，以免流速过快导致液体溢出容器。

7.9 注意超滤膜对各种化学物质的耐受程度有所不同。

7.10 色谱柱安装要垂直。装柱时要均匀平整，不能有气泡。

7.11 控制过柱速度，以免液体溢出。

实验 20 包埋法固定化酵母发酵产啤酒

1 实验目的

了解啤酒发酵原理、过程、影响因素，熟练掌握包埋法固定化细胞技术，并固定酵母菌细胞发酵产啤酒。

2 实验原理

2.1 啤酒发酵原理。啤酒发酵是一个复杂而精细的生化过程，其核心在于啤酒酵母的活性与转化能力。这一过程主要依赖酵母将麦芽汁中的糖类转化为酒精和二氧化碳，并在此过程中产生多种酯类、醛类及酮类等风味物质，赋予啤酒独特的风味特征。啤酒发酵初期，啤酒酵母迅速分解麦芽汁中的糖分与氨基酸，在酵母细胞内经过糖酵解和三羧酸循环等一系列复杂的生物化学反应，被逐步转化为乙醇（即酒精）与二氧化碳。二氧化碳的释放，不仅为啤酒带来了丰富的气泡，增添了饮用时的愉悦感，更是啤酒发酵过程中不可或缺的一环。

为了进一步提高啤酒发酵的效率和稳定性，包埋法固定化酵母技术应运而生。这一技术通过将酵母细胞包裹在一种惰性的载体材料中，使酵母在发酵过程中保持相对稳定的状态，不易受到外界环境的干扰。同时，固定化酵母还便于重复利用，降低了生产成本，提高了经济效益。

啤酒生产中应用的是纯培养酵母菌。用于酿造啤酒的酵母主要有两种：啤酒酵母（*Saccharomyces cerevisiae*）和葡萄汁酵母（*S. uvarum*）（图 20.1）。在啤酒生产中根据啤酒酵母在发酵液中的状况可将其分别称为"上面酵母"和"下面酵母"。"上面酵母"在发酵时随 CO_2

漂浮在液面上,发酵终了形成泡盖,经长时间放置,酵母也很少下沉,主要用于淡色啤酒(ale)和烈性啤酒(stout)生产;"下面酵母"在发酵时,酵母悬浮在发酵液内,发酵终了,酵母很快凝结成块并沉积在容器底,形成紧密的沉淀层。两种酵母形成不同的发酵方式,即上面发酵和下面发酵,酿制出两种不同类型的啤酒。我国生产的啤酒几乎都是下面发酵啤酒。酵母细胞的漂浮和沉积行为依赖于发酵容器的尺寸和生理调节,而非酵母菌株本身。

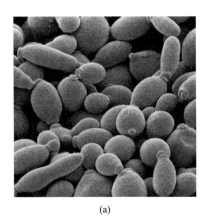 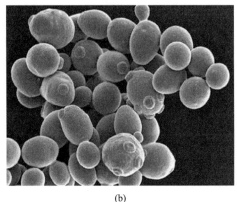

(a)   (b)

图 20.1 啤酒酵母(a)和葡萄汁酵母(b)

啤酒酵母生长的最适温度为 $25\sim26\ ℃$,在麦芽汁上菌落为乳白色,有光泽、平坦,边缘整齐。繁殖方式主要是典型的芽殖,产生芽生孢子。广泛分布在各种水果表面、发酵的果汁、土壤、酒曲和食品中。

啤酒酵母可以发酵葡萄糖、蔗糖、麦芽糖、半乳糖及 1/3 棉子糖,但不发酵乳糖,不利用硝酸盐,能利用硫酸铵。

2.2 固定化细胞技术:固定化细胞技术是利用物理或化学手段将具有一定生理功能的生物细胞(微生物细胞、植物细胞或动物细胞等)限制在一定的空间区域,使其作为可重复使用的生物催化剂进行生物转化的一门技术。1976 年,法国首次使用固定化酵母(*Saccharomyces cerevisiae*)细胞生产啤酒和酒精。目前,细胞固定化技术的应用范围已涵盖生物学、生化工程、食品发酵工业、环境净化、能源生产及生物制药等多个领域,成为生物技术中十分活跃的跨学科研究领域。

根据细胞种类和特性的不同,固定化的方法也多种多样,常用的方法主要有吸附法、交联法和包埋法三种。

吸附法是利用载体和细胞表面所带电荷的静电引力,使细胞吸附于载体上,如图 20.2(a)。载体对微生物的吸附主要是细胞表面与载体表面间的范德华力和离子型氢键的静电相互作用的结果,两者间的 γ 电位与细胞壁组成和带电性质、载体性质一同影响吸附作用的强弱。吸附法条件温和,操作简单,对细胞活性影响小,但操作稳定性不高。

交联法是利用双功能或多功能试剂与细胞表面的反应基团反应达到固定细胞的作用,如图 20.2(b)。该法可提高单位体积中的细胞浓度,但由于细胞机械强度低,无法再生,且试剂毒性强,使其应用受到限制,实际中常与其他方法联合使用。

包埋法是将微生物细胞截留在水不溶性的多聚体化合物孔隙的网络空间中,通过聚合作用,或通过沉淀作用,或通过离子网络作用,或通过改变溶剂、温度、pH 值使细胞截留。包埋法条件温和,细胞容量高且成本低,这是目前微生物细胞固定化技术中最为有效、最为

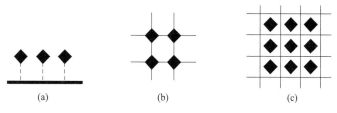

图 20.2　固定化方法

常用的方法。

多聚体化合物的网络可以阻止细胞的泄漏，同时能让底物渗入和产物扩散出来。将酶或细胞包埋在多孔载体内部而制成固定化酶或细胞的方法［图 20.2（c）］，根据载体材料和方法的不同，分为凝胶包埋法和半透膜包埋法。

凝胶包埋法是将细胞包埋在各种凝胶内部的微孔中而使细胞固定的方法。半透膜包埋法是将细胞包埋在由各种高分子聚合物制成的小球内而使细胞固定的方法。目前工业应用上以凝胶包埋法固定细胞最为广泛，具有以下特点：①方法简便，将细胞与单体或聚合物一起聚凝，细胞被包埋在形成的聚合物中；②条件温和，可选用不同的聚合物载体，不同的包埋系统和条件，以保持细胞的酶催化活性；③细胞不易渗漏，稳定性好；④有较高的细胞容量，聚合体的细胞含量可达 50%～70%。

包埋法固定化技术关键是选择合适的包埋剂，主要有海藻酸钠（SA）、明胶、琼脂糖、聚丙烯酰胺、几丁质及聚乙烯醇（PVA）等。研究表明，琼脂强度较差，聚丙烯酰胺凝胶对生物有毒性，明胶内部结构密实，但传质性能差。相比之下，海藻酸钙和聚乙烯醇凝胶机械强度和传质性能均较好，对生物无毒，且耐生物分解性良好，是较为合适的固定化细胞载体。一般来说，以海藻酸钠为包埋剂效果比较好，其主要有以下几个特点：①不同分子量及不同化学组成的海藻酸盐，其形成的凝胶性质一致，都可用于啤酒酵母细胞的固定化，因此固定化材料比较粗放；②海藻酸盐使用的浓度范围比较宽，可在 0.5%～10% 之间任意选择；③$CaCl_2$ 浓度在 0.05%～2% 之间改变，对凝胶的形成影响不大；④可根据需要制成大小不同的凝胶珠粒（一般可制成直径为 0.1～5 mm 的胶珠）；⑤细胞固定量比较高；⑥工作温度范围比较广，在 0～80 ℃ 之间都能进行工作而不影响凝胶的稳定性；⑦被包埋的啤酒酵母细胞在一定的条件下可在凝胶珠内增殖。

3　实验器材

3.1　大烧杯（1L）：1 只/组。

3.2　烧杯（250mL，50mL）：每组若干。

3.3　玻璃棒：若干。

3.4　量筒（1L，10mL）：若干。

3.5　注射器（10mL）：1 个/组。

3.6　酒精灯：1 个/组。

3.7　蒸馏瓶：1 个/组。

3.8　蛇形冷凝器（500mm）：1 个/组。

3.9　锥形瓶（500mL）：若干。

3.10　培养皿：若干。

3.11 pH 试纸。

3.12 磁力搅拌器：1台/组。

3.13 手持糖度仪：1个/组。

3.14 恒温水浴锅：1台/组。

3.15 电热恒温培养箱：公用。

3.16 基础分析型纯水机：公用。

3.17 电子天平：公用。

3.18 放大镜：1个/组。

4 实验试剂

4.1 麦芽汁。

4.2 酿酒酵母。

4.3 孟加拉红培养基。

4.4 氯化钙。

4.5 海藻酸钠。

4.6 盐酸（分析纯）。

4.7 氧化钠（分析纯）。

5 实验操作

实验主要内容有利用包埋法固定酵母细胞，发酵不同 pH 的麦芽汁，测定得到啤酒的残糖量和酒精度来反映啤酒的发酵程度，用平板计数法测定啤酒中的酵母菌数。

5.1 包埋法固定化酵母的制备及啤酒发酵（图 20.3）

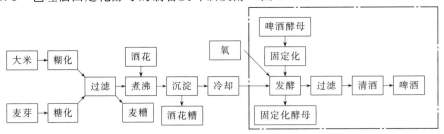

图 20.3 啤酒发酵流程图

（1）酵母细胞的活化。称取 1g 干酵母置于 50mL 烧杯中，加 10mL 蒸馏水，搅拌，静置 1h。

（2）配制浓度为 0.05mol/L 的氯化钙（$CaCl_2$）溶液 1L。

（3）配制海藻酸钠溶液。称取 3.5g 海藻酸钠置于 250mL 烧杯中，加 200mL 蒸馏水，由于海藻酸钠在水中溶解速度很慢，搅拌后放在磁力搅拌器上进行搅拌，可以适当加热，完全溶解后冷却至室温。

（4）在海藻酸钠溶液中加入活化的酵母细胞，充分混合。

（5）用注射器以恒定的速度缓慢地将酵母细胞的海藻酸钠溶液滴加到配制好的氯化钙溶液中形成凝胶珠，让凝胶珠在氯化钙溶液中浸泡 30min（注：实验中要留出适量的酵母细胞海藻酸钠混合液，用于后面的细胞数目和活性的测定）。

（6）固定化酵母细胞（凝胶珠）用蒸馏水冲洗 2～3 次，待用。

（7）酵母细胞能在 pH 3.0～7.5 的范围内生长，设置 5 组麦芽汁，用盐酸或氢氧化钠调节其 pH，使其分别为 3.0、4.0、5.0、6.0、7.0，每组 300mL。

（8）将适量的凝胶珠放入 500 mL 锥形瓶中，加 300 mL 已消毒的麦芽汁，封口于 25℃下发酵。

5.2 用手持糖度仪（图 20.4）测定残糖量（图 20.5）

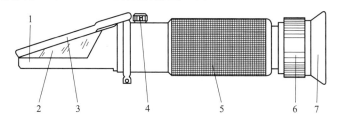

图 20.4 手持糖度仪结构

1—棱镜座；2—检测棱镜；3—盖板；4—调节螺丝；5—镜筒和手柄；6—目镜调节手轮；7—目镜

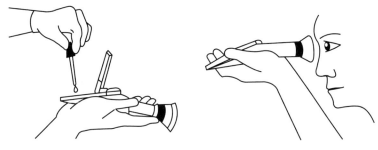

图 20.5 手持糖度仪使用示意图

（1）在使用仪器之前，要进行校正和温度修正。

① 取蒸馏水数滴，放在检测棱镜上，拧动零位调节螺钉，使分界线调至刻度 0% 位置。

② 擦净检测棱镜，进行检测。

（2）测量残糖量

① 取待测溶液数滴，置于检测棱镜上，轻轻合上盖板，避免气泡产生，使溶液遍布棱镜表面。

② 将仪器进光板对准光源或明亮处，眼睛通过目镜观察视场，转动目镜调节手轮，使视场的蓝白分界线清晰。分界线的刻度值即为溶液的浓度。

5.3 酒精含量测定：蒸馏-密度法

（1）取 100 mL 发酵好的啤酒于蒸馏瓶中，加入 100 mL 的蒸馏水。

（2）将仪器装置连接好，打开加热装置。

（3）收集 100mL 蒸馏液后停止加热，将蒸馏液倒入量筒中，冷却至室温后用酒精计测量其酒精度。

（4）对照酒精计的说明书读数。

5.4 残留酵母细胞的测定（平板计数法）

（1）水浴加热孟加拉红培养基，使其熔化成液体。

（2）用无菌生理盐水以合适的倍数稀释啤酒。

（3）将配制好的溶液倒入已经标号的培养皿中，趁热倒入孟加拉红培养基，及时盖上培养皿的盖子。待培养基凝固后，放入培养箱中培养。

（4）待菌落长出后开始计数。

（5）结果计算：每克样品的酵母菌数（cfu/g）＝同一稀释度的几次重复的菌落平均数×稀释倍数×10。

5.5 成品啤酒的感官评定

（1）外观 取发酵得到的啤酒少量置于明亮处迎光观察，然后再倒入干净小烧杯中，借助于 8 倍放大镜于光亮处观察。对于有沉淀的酒样，则记录为轻沉淀、沉淀、重沉淀等。有时啤酒虽透明，但也可发现小粒游动，可用离心机使浮游物沉淀后，再以显微镜进一步观察。记录为透明、清亮、微亮、微浑及浑浊等。

（2）泡沫 将原啤酒置于 15℃ 水浴后保持等温，将啤酒从距离玻璃杯口约 3cm 处倒入容量为 250 mL 的清洁玻璃杯中，观察泡沫升起情况。记录泡沫色泽和粗细。等泡沫稳定后，测量泡沫高度，并进一步记录从泡沫稳定后到泡沫消失露出酒面的时间，最后观察泡沫挂杯情况。根据观察的现象进行记录，如洁白、白、发黄、灰；细腻、较细腻、较细、较粗、粗大；挂杯、尚挂杯、不挂杯等。

6 实验报告

要求：记录下每组发酵啤酒的残糖量、酒精含量、残留酵母细胞，以及啤酒的感官评定（表 20.1）。

表 20.1 发酵啤酒性质测定结果

组别性质	残糖量	酒精含量	残留酵母细胞	外观	泡沫
pH＝3.0					
pH＝4.0					
pH＝5.0					
pH＝6.0					
pH＝7.0					

7 思考题

7.1 相比于游离态的酵母发酵啤酒，固定化酵母发酵啤酒的优缺点是什么？

7.2 pH 对啤酒发酵有什么影响？

7.3 一般包埋剂的选择依据是什么？

7.4 为什么要做成凝胶珠？载体形状对发酵过程有什么影响？

8 注意事项

8.1 应用适当形状的载体：固定化酵母细胞的载体形状大大地影响着连续反应器的生产效率。如珠状载体的稳定性可维持 8 个月以上，膜状载体包卷成螺旋形状放入反应器中，可提高反应效率。

8.2 控制最适 pH 值：固定化酵母细胞最适 pH 的选择，应考虑到酵母细胞新陈代谢的最适 pH 和固定化载体呈现带正电荷的 pH 双重因素。

8.3 避免或减少副产物：酵母细胞中包含一个多酶系统，其中一部分酶催化底物产生无用甚至有害的副产物，或将啤酒的有效成分进一步转化。在啤酒的发酵过程中，多种伴随酒精发酵同时形成的代谢副产物，在一定范围内是啤酒必需存在的风味物质，当其超过传统习惯所需的含量时会成为破坏风味的物质。

8.4 原料及辅料的预处理：麦芽的制备是啤酒生产中不可忽视的重要环节。如用固定化酵母细胞中的特定酶处理辅助原料（未发酵的谷类：玉米、大米、小麦和大麦），则可以大大减少麦芽的用量。

8.5 使用精密光学仪器及后期保养时，应注意以下事项：

① 在使用中必须细心谨慎，严格按说明使用，不得任意松动仪器各连接部分，不得跌落、碰撞，严禁发生剧烈振动。

② 使用完毕后，严禁直接放入水中清洗，应用干净软布擦拭。对于光学表面，不应碰伤、划伤。

③ 仪器应放于干燥、无腐蚀气体的地方保管。

④ 避免零备件丢失。

8.6 酒精的取样过程中应注意：

① 取样后立即用橡皮塞塞紧瓶口，防止酒精挥发。瓶装或听装成品酒要放在冰箱冷藏室中，冷至 $10\sim15℃$ 备用。

② 样品过滤（如需要）和除气过程都应该在低于 $25℃$ 的恒温室中操作。过滤时，在漏斗上加盖表面玻璃，接收瓶的瓶口要小，将漏斗下口插入接收瓶内与液面的距离要短，以防止酒精挥发。

③ 蛇形冷凝器冷却过程要防止中途停水或冷却水管脱落。接收馏出液的容量瓶要外加冰水浴。在蒸馏初沸前要缓慢加热，防止酒液急剧沸腾。

④ 每一次使用密度瓶时都要进行外观检查［是否破损，内外壁是否干净、干燥（特别是小帽子的内部）］。密度瓶使用一段时间后要用酸性洗液浸泡清洗，应持密度瓶颈，不得拿瓶肚。水浴恒温时禁止用手捂或放在室内自然升温，以免密度瓶内溶液受热不均，产生较大误差。

⑤ 天平称重时，保持内部空气干燥，称重的速度要快。当室温高于 $20℃$ 时，密度瓶内的溶液会升温而外溢，密度瓶外壁会由于温度差而产生露水，发生较大误差；称重时要戴薄型的尼龙手套，防止汗液黏附在瓶上。

8.7 选择活性高、发酵性能好的酵母菌株，并在合适的条件下进行活化。海藻酸钠的浓度要适宜，一般为 $2\%\sim4\%$，浓度过高会导致凝胶珠过硬，影响传质；过低则凝胶珠强度不够，易破碎。

8.8 融化海藻酸钠时，需充分搅拌使其均匀受热，避免局部过热影响其性能，且要冷却至室温后再加入酵母细胞，防止高温对酵母细胞活性造成损害。滴加混合液时，速度要缓慢且均匀，以形成大小均一、形状规则的凝胶珠。

8.9 发酵过程中的麦芽汁的浓度、pH 值等指标要符合要求，一般浓度在 $10\sim12°P$，pH 值在 $5.0\sim5.5$，并进行严格的过滤和灭菌处理，防止杂菌污染。

8.10 发酵温度需根据酵母种类和啤酒类型精准控制，一般在 $5\sim20℃$ 之间，采用低温发酵时，要确保温度稳定，防止温度波动影响发酵品质。

8.11 发酵前期需向麦芽汁中充入适量氧气，以满足酵母细胞繁殖的需求，但充氧量不宜过多，避免产生过多的氧化物质影响啤酒风味，发酵过程中要严格密封，防止空气进入。

实验 21　反应分离耦合技术生产 L-苹果酸

1　实验目的

掌握反应分离耦合技术的原理，掌握利用该技术生产 L-苹果酸的工艺流程。

2　实验原理

L-苹果酸（L-malic acid，LMA）为四碳酸（图 21.1），是一种重要的天然有机酸，广泛分布于植物、动物与微生物细胞中。L-苹果酸具有手性结构，因此一般以 3 种形式存在，即 D-苹果酸、DL-苹果酸和 L-苹果酸，只有具有左旋结构的 L-苹果酸才能被生物体利用。纯品性状为无色结晶或粉末，其口感接近天然苹果的酸味，与柠檬酸相比酸度大、味道柔和、不损害口腔与牙齿，生理代谢上有利于氨

图 21.1　L-苹果酸结构模型与分子轨道

基酸吸收、不积累脂肪，属于新一代的食品酸味剂，被生物界和营养界誉为"最理想的食品酸味剂"，是目前世界食品工业中应用和发展前景较好的有机酸之一。

反应分离耦合是反应过程与分离方法有机结合起来的操作过程，其主要目的是移去终产物而打破固有的化学平衡来提高转化率，或者是除去对催化剂有毒性作用的产物来保持反应的高活性，或是先分离除去原料中的杂质，保持反应的高活性及简化后续工艺过程。

生物反应与生物分离耦合一般是通过减少产物抑制来提高生产率。抑制的产生可能是产物对细胞本身产生危害（如细胞自溶素）或中间代谢物阻遏；也有可能是粒子、大分子或者微溶性底物的生物转化等因素造成的。产物还可能通过对发酵传质影响产生抑制，或者是生物反应器的环境不利于产物稳定性，如通气时气/液界面张力、搅拌区的高剪切力、水解酶攻击或产物被进一步转化等引起的化学损失。故耦合一般体现在生物分离促进生物反应和生物或化学反应促进生物分离两方面。

生物反应-分离耦合过程在消除产物或副产物的抑制、提高产物产率和生物效率、简化产物的后处理工艺以及降低投资成本和操作费用等方面具有优势，是一种具有重要理论意义和工业应用价值的生产技术。耦合过程还可选择性供给营养底物，分离不可发酵底物或老龄化细胞，而且随着选择性强、生物相容性好的分离方法的不断出现，以及传统分离技术杂化使耦合过程的选择性更好，使生物体反应体系不断外延，研究和应用对象不仅包括初级代谢产物，还转向高附加值的药物、食品添加剂及一些高分子量的产物等，具有广阔的工业应用前景，代表了生物生产的一种集成化发展趋势。

传统 L-苹果酸生产工艺即国内外普遍采用的固定化延胡索酸酶生产工艺是将底物富马酸配成富马酸钠或富马酸铵，在延胡索酸酶作用下进行水合，生成相应的苹果酸盐。由于该反应是可逆的，富马酸钠盐平均转化率低，产物浓度低，分离成本高。基于上述原因及近年来反应分离耦合原理在乙醇、乳酸等产品中成功地运用，现利用该原理，将富马酸钙晶体直接转化成苹果酸钙晶体：

$$\text{CaFu} \overset{}{\underset{}{\longleftrightarrow}} \text{Ca}^{2+} + \text{Fu}^{2-} \xrightarrow{\text{延胡索酸酶}} \text{Ma}^{2-} + \text{Ca}^{2+} \overset{}{\underset{}{\longleftrightarrow}} \text{CaMa}$$

固相   液相   液相   固相

式中，Fu^{2-} 代表富马酸根；Ma^{2-} 代表苹果酸根。众所周知，富马酸钙在水中的溶解度很小，40℃时为 9.12×10^{-2} mol/L，均与液相中的酸根离子存在平衡转化关系。在反应分离耦合过程中，在延胡索酸酶的作用下，富马酸钙不断溶解并在延胡索酸酶的催化下转化生成 L-苹果酸钙并且结晶析出。

采用反应分离耦合技术生产 L-苹果酸，可以使 L-苹果酸生产流程明显缩短 40%，省去了离心收集菌体（如絮凝、凝聚收集菌体细胞）、菌体悬浮、卡拉胶加热溶解、固定化、活化及颗粒装柱、富马酸钠配制、固定化细胞转化生成苹果酸钠等操作，对富马酸钙转化率高达 320%，投入产出比为（1~1.1）∶1，减少了设备的投入，提高了利用率。另外，其他原辅材料、水、电、煤等消耗显著降低。用该法生产的产品质量符合美国 USP23 版标准，富马酸残留量低于 0.1%，L-苹果酸总收率达 87%，生产成本约为传统固定化生产工艺 60%，基本与采用化学合成法生产的 DL-苹果酸相当。由此可见，反应分离耦合技术非常适用于 L-苹果酸工业化生产。

3 实验器材

发酵罐、空气净化装置、反应分离耦合装置、板框过滤机（暗流式）、脱色柱、离子交换装置、单效真空蒸发器、导流筒-挡板型蒸发结晶器、三足式离心机、气流干燥装置。

4 实验试剂

4.1 菌种：黄色短杆菌。

4.2 培养基及试剂：见表 21.1 和表 21.2。

表 21.1 斜面培养基（普通肉汤培养基）

试剂	配比	试剂类型
蛋白胨	1%	分析纯
牛肉膏	0.5%	生物试剂
氯化钠	0.5%	分析纯

表 21.2 发酵培养基

试剂	配比	试剂类型
丙二酸	2%	分析纯
KH_2PO_4	0.2%	分析纯
$MgSO_4 \cdot 7H_2O$	0.05%	分析纯
玉米浆	2%	分析纯

用 30% NaOH 调节 pH 至 7.5 左右，灭菌后备用。产氨短杆菌于 32~34℃下培养 24~36h，摇瓶接种量为 10%，培养时间为 24h，摇床转速 180r/min。

4.3 其他试剂：尿素、消泡剂、富马酸、碳酸钙。

5 实验操作

5.1 灭菌

（1）空罐灭菌

① 灭菌前，冲去罐内泡沫杂物，洗罐完毕，紧固料孔，用棉纱团塞好视孔玻璃，以防破裂。必要时要对罐内进行检查，但须切实遵守安全规定。

② 打开排气口和各路管道，充分排气防止死角。特别注意必须把冷却管中的冷却水排出。

③ 在表压 0.2 MPa 下保持 30～60 min，遇有染菌时应适当延长时间。

④ 空罐灭菌的同时，要对尿素、消泡剂和接种等有关管道进行灭菌，并进行空气保压。

（2）种子培养基实罐灭菌

① 进料毕，核对定容量，开动搅拌机，复测 pH 值，然后关紧料孔。

② 先夹层预热，待升温至 90℃ 左右时，做好进内层三路蒸汽的准备，当达到 100℃ 时关闭夹层蒸汽通入内层蒸汽，升温至 115℃ 时保持 8min，然后关闭蒸汽，开冷却水阀门及时降温至 32℃。灭菌过程应适量打开所有排气阀门。

③ 降温开始应及时通入无菌空气，保持罐压不低于 0.2 MPa，以防负压而引起染菌。

④ 灭菌前后均需取样分析。

（3）发酵培养基实罐灭菌　实罐灭菌的温度和时间应根据发酵罐大小和蒸汽压力高低而定。一般为 105～110℃ 保温 5 min。灭菌时先将料液经 70℃ 预热，进行直接加热到规定温度。实罐灭菌应升温速度快、降温速度也要快，以尽可能减少培养基的破坏。

5.2　空气净化：空气过滤除菌一般是把吸气口吸入的空气先进行压缩前过滤，然后进入空气压缩机。从空气压缩机出来的空气（一般压力在 0.2 MPa 以上，温度 120～160℃）先冷却至适当温度（20～25℃）除去油和水，再加热至 30～35℃，最后通过总空气过滤器和分过滤器（有的不用分过滤器）除菌，从而获得洁净度、压力、温度和流量均符合工艺要求的灭菌空气（图 21.2）。

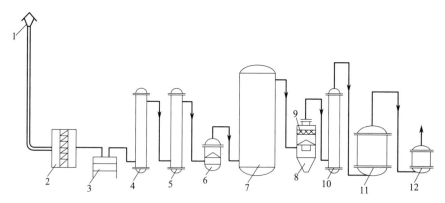

图 21.2　空气净化工艺流程图

1—空气吸气口；2—粗过滤器；3—空气压缩机；4—一级空气冷却器；5—二级空气冷却器；
6—分水器；7—空气贮罐；8—旋风分离器；9—丝网除沫器；10—空气加热器；11—总空气过滤器；12—分过滤器

5.3　机械搅拌通风发酵：机械搅拌通风发酵罐是靠通入的压缩空气和搅拌叶轮实现发酵液的混合及溶解氧传质的，同时强化热量传递，在生物工程工厂得到广泛应用。其具有良好的传质和传热性能，结构紧密，防杂菌污染，培养基流动与混合良好，控制方便，方便维护检修，能耗低。机械搅拌通风发酵罐主要由罐体及罐底、冷却装置、搅拌器和挡板、消泡器、传动装置、联轴器和中间轴承、轴封、通气装置组成（图 21.3）。

培养基连同发酵罐灭菌以后，进行机械搅拌通风发酵，设定发酵条件为温度 40 ℃，pH 维持在 7.0～7.5，投入延胡索酸酶液量为 200mL。

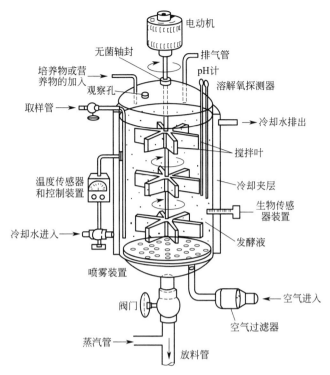

图 21.3 发酵罐的结构示意图

5.4 反应分离耦合：通过对黄色短杆菌 MA-3 的培养，获得培养液作为酶转化的酶源，在反应器中加入固体底物 L-苹果酸，于酶最适反应温度下进行反应。开始时控制 L-苹果酸的加入量以使培养液 pH 调节到酶最适反应要求，当液面出现大量 CO_2 泡沫时 L-苹果酸可实现连续加料，控制加料速度以维持反应 pH 在酶最适反应之间，反应一段时间后 L-苹果酸结晶析出。为避免 L-苹果酸晶体在反应器中和 L-苹果酸互相包裹以及占据太多体积，定时通过结晶过滤器将 L-苹果酸分离，分离后的含酶反应液回到酶反应器中继续用于反应（图 21.4）。

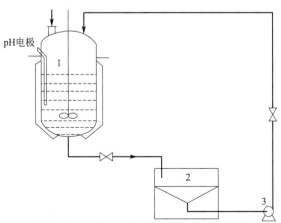

图 21.4 反应分离耦合生产 L-苹果酸装置

1—反应器；2—结晶过滤器；3—循环泵

5.5 过滤：过滤采用板框过滤机，由多个滤板和滤框交替排列而成。根据过滤的生产能力及滤浆情况来决定滤板与滤框的数目，框的数目为 10~60 块。装合时，将板与框交替排列后，转动机头螺旋使板框紧密结合。操作时，滤浆自滤框上角孔道流入滤框，滤液通过覆在滤板上的滤布，沿布上沟渠自下端小管排出。排出口处装有阀门，有时还嵌有玻璃短管以观察液体浑浊情况。倘若板上滤布破裂，则可将该阀门紧闭，不妨碍全机工作。如滤饼塞满设备，则要放松机头螺旋，取出滤框，将滤饼除去。然后将滤框和滤布洗净重新装合，准备下一次过滤。由此可见，板框过滤机由装合、过滤、去饼及洗净 4 步构成一个循环。操作压力一般 200～300kPa。滤框与滤板的材质，中性或碱性滤浆采用铸铁，酸性用木材。

5.6　柱脱色和离子交换：将澄清的酸液由高位槽引入装有树脂或活性炭的脱色柱中，控制流出液的速度在 1200L/h 以下，开始流出的稀酸液单独处理。待流出液 pH 降到 2.5 时，表明苹果酸大量流出，开始收集，使之流入驼色液贮槽。当流出液色泽超过规定标准时，停止脱色，进行再生操作。色泽应在白色背景下观察。料液进罐后打开顶部排气阀，待料液高出树脂面 10 cm 左右，方可进入下一树脂。根据实际情况，必须每隔一定时间测定离子交换液中的离子含量，均合格后方能进料至浓缩罐。

将脱色液泵送至高位槽，引入装有树脂的离子交换柱，控制流速，定时检查流出液的质量。常用指标是检查有无 Fe^{3+} 和 Ca^{2+} 漏出。

离子交换时液体的流速控制可参考下述原则：温度高，交换反应速度快，流速可以加快；树脂粒度小，扩散容易，则交换反应快，流速可加快；树脂交联度大，离子扩散慢，应减小流速；进液中杂质离子少可以加快进液，否则减慢；开始操作时杂质离子不会流出，可加快流速，最后逐渐减慢；考虑生产周期安排、料液物性、设备条件以及成品质量要求等因素加以控制。

总之，控制离子交换流速的原则是要以满足离子扩散和交换所需的时间，而不影响成品质量为标准，这样可提高树脂的利用率和生产能力。在苹果酸生产中，交换时流速一般大于再生时的流速。

5.7　蒸发：蒸发采用单效真空蒸发器，加热蒸汽在蒸发器的加热室 1 管间冷凝，从冷凝水排除器 8 排除，它在冷凝中释放出来的热量通过管壁传给沸腾的溶液。料液从蒸发器的蒸发室 2 上方进入，其中溶剂被加热而汽化，经浓缩后的溶液从底部排出，二次蒸汽则从顶部逸出，经气液分离器 3 分离，液滴回到蒸发室内，蒸汽在混合冷凝器 4 中与冷却水混合而冷凝，并从器底排出。空气以及其他未被冷凝的气体则经分离器和缓冲罐，由真空泵抽出排入大气中（图 21.5）。

操作前检查蒸发器的出料阀及其他出气阀门是否关好，启动多级水泵和冷却塔，然后打开真空系统，待水射泵抽真空至 0.08 MPa（水压不低于 0.35 MPa）时打开进料阀吸入物料，进料后打开蒸汽阀门，压力控制在 0.1 MPa 左右，浓缩温度控制在 60℃以下，待浓缩液相对密度达 1.39～1.40（25℃）时，可将浓缩液压至结晶罐中，自然冷却结晶。当从上视镜中可见到液面时，开蒸汽加热或接通石墨加热器的电源加热，加热时注意真空度的变化。如果沸腾后真空度下降，说明加热强度太大或冷却器的水量不足，应及时调整，以避免料液温度过高。当料液浓度达到 50% 以上时，注意不要使体系的压力超过 14 kPa。浓缩后期要频繁测定浓缩液的密度，当密度达到 1.37 g/L，及时放料进行结晶操作。

5.8　结晶：导流筒-挡板型蒸发结晶器是一种效能较高的结晶器，它能产生较大的晶粒，生产能力高，不易产生晶疤。这类结晶器的中部有一导流管，在四周有一圆筒形挡板。在导流筒接近下端处有螺旋桨搅拌器。悬浮液在螺旋桨推动下，在筒内上升至液体表层，然后再折向下方，沿导流管和挡板间的环形通道流至器底，再吸入导流管，如此循环，形成良好的混合条件。圆筒形挡板将体系分为育晶区和澄清区。结晶器的上部留有一段空间以防雾

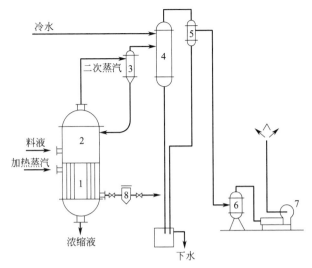

图 21.5 单效真空蒸发流程

1—加热室；2—蒸发室；3—气液分离器；4—混合冷凝器；
5—分离器；6—缓冲罐；7—真空泵；8—冷凝水排除器

沫夹带。进料口在循环管上，经加热后进入导流筒下方。成品晶浆由底部排出。

5.9 离心：苹果酸工业上常用的是三足式离心机。它结构紧凑，机身低，便于从上方加料和卸料，且运转平稳，操作简单。这种离心机的过滤洗涤时间可随意控制，离心后的固体含水量低，晶体不会受损伤。实际生产中一般还在离心机上装有自动机械卸料刮刀，转鼓底部开卸料孔。卸料机构主要由刮刀升降油缸、刮刀旋转油缸及刮刀等机构组成。卸料时转鼓低速运转，刮刀由压力油控制系统通过机械传动机构驱动，进行卸料操作。

5.10 烘房干燥：湿晶体检验合格之后，装入洗净烘干的烘盘中，料层厚度务必均匀，以 2～3cm 为宜。烘房应预先通风干燥数分钟，以除去烘房内的灰尘。干燥时间包括进出料时间在内以 8h（一个班次）为宜，由料层厚度和送风量进行调节。为了减少能耗，尾气的湿度应在 80%～90%。夏天天气干燥时可通入过滤后的空气而不需要加热，雨天则必须加热以降低进风的相对湿度，但均应控制在上述湿度范围内。成品干燥后应立即包装，封口要严密，以免晶体吸潮。

6 实验记录、计算与实验结果

6.1 测定黄色短杆菌生长曲线

① 取样 在设定的培养时间点，从每个试管或培养皿中取出适量的培养液。使用无菌移液管将培养液转移到无菌试管中，准备进行 OD 值测定。

② 测定 OD 值 打开分光光度计，设置波长至 600nm。将无菌生理盐水或无菌蒸馏水作为空白对照，放入分光光度计中进行调零。将待测的培养液样品放入分光光度计中，测定其 OD_{600}。记录每个时间点的 OD_{600} 值，并计算平均值以减少误差。

6.2 数据记录与分析

① 数据记录 将每个时间点的 OD_{600} 值以及相应的培养条件（如温度、转速、培养基组分等）记录在实验记录本上。确保数据的准确性和完整性，以便后续的数据分析。

② 数据分析 以生长时间为横坐标，OD_{600} 值为纵坐标，绘制黄色短杆菌的生长曲线

图。分析生长曲线的形状和特征，如对数生长期、稳定期等。

时间/h	0	0.5	1	1.5	2	2.5	3	4
OD$_{600}$								

7 思考题

7.1 灭菌操作为什么需要多步进行？能否简化操作，一步完成？

7.2 过滤操作有哪些要点？

7.3 影响产率的因素有哪些？举例说明。

8 注意事项

8.1 空罐灭菌前，冲去罐内泡沫杂物，洗罐完毕，紧固料孔，用棉纱团塞好视孔玻璃，以防破裂。

8.2 种子培养基实罐灭菌时，降温开始应及时通入无菌空气，保持罐压不低于0.2 MPa，以防负压而引起染菌。

8.3 实罐灭菌应升温速度快、降温速度也要快，以尽可能减少培养基的破坏。

实验 22 游离整体细胞法生产 L-天冬氨酸

1 实验目的

1.1 了解各种方法生产 L-天冬氨酸的优缺点，熟练掌握游离整体细胞法生产 L-天冬氨酸的工艺流程。

1.2 了解 L-天冬氨酸工业上生产的工艺流程。

2 实验原理

到目前为止，工业化生产 L-天冬氨酸的主要方法包括传统发酵法、固定化酶或固定化细胞法和游离整体细胞法。

2.1 传统发酵法：以葡萄糖为碳源，利用微生物发酵生产 L-天冬氨酸，主要有单菌种发酵和双菌种发酵两种方法。单菌种发酵法以葡萄糖为碳源，利用黄色短杆菌（*Brevibacterium flavum*）或弗氏链霉菌（*Streptomyce fra-diae* Waksman and Henrici）作为生产菌株，发酵生产 L-天冬氨酸。双菌种发酵法同样以葡萄糖为碳源，首先利用少根根霉（*Rhizopus arrhizus* A. Fisch）发酵产生反丁烯二酸，再接种普通变形杆菌（*Proteus vulgaris* Hauser）发酵生产 L-天冬氨酸。

2.2 固定化酶或固定化细胞法：酶制剂经物理或化学方法包埋、吸附或交联处理，使酶在固相发挥催化作用。以富马酸和氨为原料，通过固定化 L-天冬氨酸酶催化，可以连续生产 L-天冬氨酸。L-天冬氨酸酶的生产菌株主要包括普通变形杆菌（*P. vulgaris*）和大肠杆菌（*Escherichia coli* Castellani and Chalmers）。固定化酶法需要进行酶的分离，固定化后酶的稳定性降低。为了简化操作，减少酶的活性损失，在其基础上研发了固定化细胞法。

2.3 游离整体细胞法：以富马酸和氨为原料，利用产生 L-天冬氨酸酶的菌种，将原料直接转化生产 L-天冬氨酸。

3 实验器材

3.1 Gel Doc XR＋凝胶成像仪。

3.2 PowerPac basic 蛋白电泳仪。

3.3 GBJL-5L C 型 4 连发酵罐。

3.4 BMR-7A 发酵罐。

3.5 板框压滤机。

3.6 真空结晶蒸发器。

3.7 大烧杯、试管、锥形瓶。

4 实验试剂

4.1 菌种：E. *coli* ATCC 11303。

4.2 斜面培养基：普通肉汤培养基，培养温度为 37℃。

4.3 发酵培养基：富马酸 2％，玉米浆 4％，KH_2PO_4 0.2％，$MgSO_4$ 0.025％，用氨水调节 pH 7.2～7.5。

4.4 试剂：蛋白胨、酵母浸粉、H_2SO_4、活性炭。

5 实验操作

5.1 实验室生产

5.1.1 酶反应：将培养好的大肠杆菌培养液作酶源，直接加底物溶液 pH 8.5 的富马酸铵溶液（内含 1 mmol/L Mg^{2+}）于 37℃下活化 2 天。活化完后，加入底物富马酸进行酶反应，定时检测反应液中富马酸含量，待富马酸含量降至较低值时续加底物溶液，直到转化速度较慢时结束反应。

5.1.2 产物分离和提取：酶反应液加 0.5 ％活性炭脱色，用 60 ％ H_2SO_4 调节 pH 到 2.8，冷却析出 L-天冬氨酸结晶，离心并用蒸馏水洗涤结晶数次，即得 L-天冬氨酸纯品。

5.1.3 分析方法

5.1.3.1 富马酸的检测：DIONEX HPLC P680 工作站，Alltech 有机酸色谱柱 No.88645 column 250 mm×4.6 mm，紫外检测波长 210 nm，流速 1 mL/min，进样量 20 μL，流动相 25 mmol/L KH_2PO_4，pH 2.5，柱温 35 ℃。

5.1.3.2 天冬氨酸酶相对酶活的测定：吸取 5 mL 酶液，加入 15 mL 底物，37℃反应 1 h，测定反应前后富马酸浓度的变化即可算出其酶活。

5.1.3.3 生长 OD 值测定：样品菌液摇匀后，吸取 1 mL 定容到 25 mL，在分光光度计上于波长 660 nm 处读取 OD 值。

5.2 工业生产：在摇床上培养 5～10 L 种子，接种于 800 L 气升式发酵罐。发酵条件：初始 pH6.5～7.0，风量 0.6 VVM，温度 37 ℃，装液量 500～550 L。L-天冬氨酸的生产流程见图 22.1。首先检查发酵罐的设备情况，确认安全后开动电源，将提前保存好的菌种放入气升式发酵罐中；然后将底物反丁烯二酸（即富马酸）加入发酵罐，将反应后的发酵液进行活性炭脱色，然后过滤，使用板框压滤机；最后结晶干燥，得到最终产物。

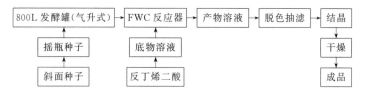

图 22.1 游离整体细胞法生产 L-天冬氨酸的工艺流程

5.2.1 发酵：该工艺发酵过程选用气升式发酵罐来完成。其装置如图 22.2 所示。其主
要工作原理是利用空气喷嘴在瞬时喷出高速的空气，空
气以气泡的形式分散在液体之中，结果导致在通气的一
侧的液体平均密度下降，未通气的另一侧的液体平均密
度较大，从而使得其两侧的液体产生密度差，最终可以
在发酵罐内形成液体的环流。

主要操作步骤如下：

（1）校正 pH 电极和溶氧电极。

（2）罐体灭菌。根据实验需要将 L-天冬氨酸发酵培
养基装入罐体，按照要求封好后放入大灭菌锅灭菌
30min 左右。

（3）待罐体冷却完全后，将其放在发酵台上，安装
完成后打开冷却水，开通电源，连接通气管道，调整参

图 22.2 气升式发酵罐装置

数使气量适当，打开发酵罐电源，设置其他参数，待温
度稳定后将培养好的产 L-天冬氨酸酶的种子接入，开始发酵，并记录各参数变化。

（4）发酵完成后清洗罐体和电极，将电极插入有 4mol/L 氯化钾的三角瓶中待用，发
酵实验完成。

5.2.2 压滤：实验过程中选用板框压滤机完成脱色压滤。图 22.3 是板框压滤机工作示
意图。

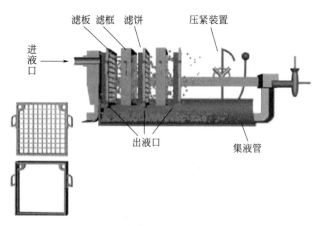

图 22.3 板框压滤机工作示意图

板框压滤机工作原理：板框压滤机由交替排列的滤板和滤框构成一组滤室。滤板的表面
有沟槽，其凸出部位用以支撑滤布，滤框和滤板的边角上有通孔，组装后构成完整的通道，
能通入悬浮液、洗涤水和引出滤液。板、框两侧各有把手支托在横梁上，由压紧装置压紧

板、框。板、框之间的滤布起密封垫片的作用。由供料泵将悬浮液压入滤室，在滤布上形成滤渣，直至充满滤室。滤液穿过滤布并沿滤板沟槽流至板框边角通道，集中排出。过滤完毕，可通入洗涤水洗涤滤渣。洗涤后，有时还通入压缩空气，除去剩余的洗涤液。随后打开压滤机卸除滤渣，清洗滤布，重新压紧板、框，开始下一工作循环（图 22.4）。

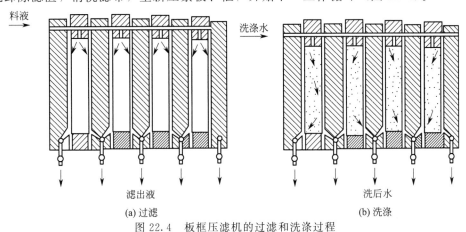

图 22.4　板框压滤机的过滤和洗涤过程

板框压滤机对于滤渣压缩性大或近于不可压缩的 L-天冬氨酸悬浮液都能适用。

（1）适合的 L-天冬氨酸悬浮液的固体颗粒浓度一般在 10% 以下。

（2）操作压力一般为 0.3~0.6 MPa，特殊的可达 3MPa 或更高。

（3）过滤面积可以随所用的板框数目增减。板框通常为正方形，滤框的内边长为 320~2000 mm，框厚为 16~80 mm，过滤面积为 1~1200 m^2。

（4）板与框用手动螺旋、电动螺旋和液压等方式压紧。板和框用木材、铸铁、铸钢、不锈钢、聚丙烯和橡胶等材料制造。板框压滤机与其他设备比较，其结构简单、装配紧凑、过滤面积大，允许采用较大的操作压力（1.6 MPa），辅助设备及动力消耗少，过滤和洗涤的质量好，滤饼的含水率低，可洗涤，操作维护方便，运行安全可靠。

在使用板框压滤机的时候需要注意以下几点：

（1）安装压滤布必须平整，不许折叠，以防压紧时损坏板框及泄漏。

（2）橡塑板框最高工作压力不得超过 20 MPa。

（3）过滤压力必须小于 0.45 MPa，过滤的 L-天冬氨酸温度必须小于 80 ℃，以防引起渗漏和板框变形、撕裂等。

（4）操纵装置的溢流阀，须调节到能使活塞退回时所用的最小工作压力。

（5）板框在主梁上移动时，不得碰撞、摔打，施力应均衡，防止碰坏手把和损坏密封面。

（6）物料、压缩、洗液或热水的阀门必须按操作程序启用，不得同时启用。

（7）卸饼后清洗板框及滤布时，应保证孔道畅通，不允许残渣粘贴在密封面或进料通道内。

5.2.3　结晶：实验最后通过结晶技术来完成产物分离提纯。通过结晶，溶液中的大部分杂质会留在母液中，再通过过滤洗涤就可以得到纯度较高的晶体。结晶主要包括三个过程：过饱和溶液的形成、晶核的形成及晶体的生长。

氨基酸一般采用等电点析出结晶法精制。本实验中合成的 L-天冬氨酸采用 H$_2$SO$_4$ 沉降结晶。L-天冬氨酸的解离过程如图 22.5 所示。

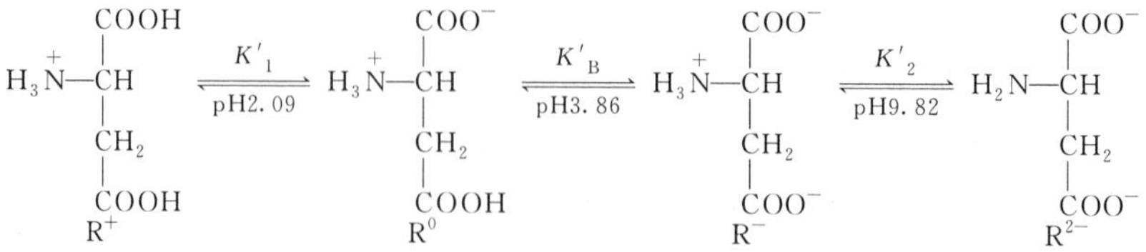

$$\underset{R^+}{\overset{\text{COOH}}{\underset{\text{CH}_2}{\underset{\text{COOH}}{\overset{|}{\underset{|}{\overset{|}{\text{CH}}}}}}}} \overset{K'_1}{\underset{\text{pH2.09}}{\rightleftharpoons}} \underset{R^0}{\overset{\text{COO}^-}{\underset{\text{CH}_2}{\underset{\text{COOH}}{\overset{|}{\underset{|}{\overset{|}{\text{CH}}}}}}}} \overset{K'_B}{\underset{\text{pH3.86}}{\rightleftharpoons}} \underset{R^-}{\overset{\text{COO}^-}{\underset{\text{CH}_2}{\underset{\text{COO}^-}{\overset{|}{\underset{|}{\overset{|}{\text{CH}}}}}}}} \overset{K'_2}{\underset{\text{pH9.82}}{\rightleftharpoons}} \underset{R^{2-}}{\overset{\text{COO}^-}{\underset{\text{CH}_2}{\underset{\text{COO}^-}{\overset{|}{\underset{|}{\overset{|}{\text{CH}}}}}}}}$$

图 22.5　L-天冬氨酸的解离过程示意图

其等电点为 pH2.8 左右。

实验采用晶种起晶法，将溶液蒸发或冷却到亚稳区的较低浓度，投入一定量和一定大小的晶种，使溶液中的过饱和溶质在所加的晶种表面上长大。具体方法操作为将滤液恒温于80 ℃，滴加 40％ H_2SO_4 调节 pH 至 4.3 左右，加入一定量的晶种，再滴加 40％ H_2SO_4 至溶液 pH 为 2.8，控温冷却至室温（30 ℃），过滤，干燥至恒重。

H_2SO_4 调 pH 值沉淀 L-Asp 机理：在等电点沉淀结晶过程中，随着酸的加入，反应液的 pH 值始终在变化之中，而 pH 值与 L-Asp 的溶解度又有着密切的关系。

图 22.6　盘式干燥器示意图

5.2.4　干燥：结晶结束后再通过过滤，去除滤液，所得沉淀进入最后一道工序——干燥。实验中选用盘式干燥器进行产品干燥。装置示意图如图 22.6 所示。

（1）先将一定量的 L-天冬氨酸由定量喂料机输送至盘式干燥器的进料口中。

（2）再经设在干燥器顶部的布料装置将物料均匀地分布到第一层干燥盘上（小干燥盘上），在做回转运动的耙叶作用下，物料沿螺旋线轨迹由内向外流过小干燥盘，在边缘落到下层大干燥盘的外边缘，在大干燥盘上物料由外向内流动，在中间落到下一层小干燥盘上。大小干燥盘交替排列，使得物料能顺利通过每层干燥盘，到达干燥器底部。

（3）干燥盘内通入高温导热油，作为干燥热源，物料在流动中完成传质传热过程，达到干燥的目的。

该工艺最终得到成品：L-天冬氨酸。

6　实验记录、实验结果

6.1　菌体培养-酶形成的过程曲线：从斜面上挑取一环菌苔接种到装有 50 mL 发酵培养基的 500 mL 三角瓶中，37 ℃摇瓶培养，间隔取样，分别测定培养液的 OD 值、pH、基质富马酸含量及酶活，绘制得到菌体培养-酶形成的过程曲线。由图可知，＿＿＿～＿＿＿ h 菌体处于对数生长期，菌体生长旺盛，OD 值直线上升，底物富马酸消耗最快。酶的形成高峰在＿＿＿～＿＿＿h，此时菌体处于平衡期后期，所以取此时的培养液作酶源较合适。

6.2　酶反应温度对富马酸转化量的影响：取 50 mL 培养液分别于 37 ℃和 50 ℃温度下进行酶反应，绘制酶反应温度对富马酸转化量影响曲线。由曲线可知，＿＿＿℃时酶活开始很高，第＿＿＿天酶反应很快，转化富马酸的量占总转化量的 90％，以后酶反应缓慢，说明＿＿＿℃时酶在第＿＿＿天就开始失活。而在＿＿＿℃进行酶反应，前＿＿＿天反应速度基本不变，第＿＿＿天酶反应缓慢。比较总的底物转化量，＿＿＿℃下远高于＿＿＿℃。考虑生产成本，建议取＿＿＿℃进行酶反应。

　　6.3　酶的失活情况：将 50 mL 培养液于 37 ℃静置放置，每隔 l 天测其酶活，观察酶的失活情况，绘制曲线。由酶失活曲线可知，当酶处于静置（不和底物反应）状态时，经____天，酶活剩余____%，第____天，酶活剩____%，第____天后，酶活只有____%。酶处于____状态相比较，可以看出，酶在____状况失活更快些。

　　6.4　酶浓度、底物浓度对反应速度的影响：在 50 mL 培养液（酶源）中一次性加入底物溶液 600 mL，此时酶浓度恒定，为 e_1，定时测定富马酸浓度，计算不同富马酸浓度时的反应速度，可以绘出这一酶反应过程中不同底物浓度和反应速度的关系曲线。随着反应进行，富马酸浓度降到 1% 以下时，再一次加入底物溶液 60 mL，同样测出酶浓度为 e_2、e_3 时，底物浓度和反应速度的关系曲线。

　　由图可以看出，低底物浓度时，_____。比较 e_1、e_2、e_3 时 3 条曲线看出，随着浓度降低，_____。所以在采用游离酶反应时，欲保持较高的反应速度，底物加料时应_____，以保证在各种酶浓度下，该反应处于反应速度最大的底物浓度范围内。

　　6.5　结论：通过实验研究，可以得出如下结论。

　　（1）大肠杆菌培养产酶的最适条件，温度为____℃，培养时间____～____h，此时所得发酵液的相对酶活最高。

　　（2）利用发酵液作为酶源的游离酶反应，于____℃下反应，前____天的酶反应转化量基本不变，酶活相对稳定。

　　（3）高浓度富马酸按底物对酶反应有____作用，且产生这种抑制作用的底物浓度随着溶液中酶浓度的减小而____。对每一酶浓度，存在最佳底物浓度范围，此时的酶反应速度最快。因此，在间歇游离酶反应生产 L-天冬氨酸时，为了获得较快的反应速度，提高生产能力，底物的流加速度或添加量比例应随反应的进行而不断____。

7　思考题

　　7.1　游离整体细胞法有何优点？
　　7.2　分离材料后为何要尽快完成细胞分离实验？
　　7.3　L-天冬氨酸的相对酶活如何测定？

8　注意事项

　　8.1　实验材料要新鲜，分离材料后要低温保存，并尽快进行细胞分离实验。
　　8.2　无菌操作。
　　8.3　用酶法分离细胞时，注意酶液的浓度和控制消化时间。贴块法分离细胞时，注意动作要轻柔，不要伤到细胞组织，组织块边缘尽量平整有利于细胞游离。
　　8.4　培养液的选择。不同的细胞对培养液中营养的要求不同，根据所分离细胞的特性选择。

实验 23　离子交换法制备纯水

1　实验目的

　　1.1　了解离子交换法制备纯水的基本原理，并且掌握其基本操作步骤。

1.2 了解并且掌握水质检验的原理和方法。

1.3 巩固酸度计的使用方法，了解并掌握电导率仪器的使用方法。

2 实验原理

离子交换法以合成的离子交换树脂作为吸附剂，将溶液中的物质依靠库仑力吸附在树脂上，然后用合适的洗脱剂将吸附物质从树脂上洗脱下来，达到分离、浓缩、提纯的目的。同样也可利用溶液中各种带电粒子与离子交换剂之间结合力的差异进行物质分离。带电粒子与离子交换剂间的作用力是静电力，它们的结合是可逆的，在一定的条件下能够结合，条件改变后也可以被释放出来。

常用的离子交换树脂包括阳离子交换树脂、阴离子交换树脂等。其中阳离子交换树脂又可以分为强酸性阳离子交换树脂、弱酸性阳离子交换树脂、中强酸性阳离子交换树脂。强酸性阳离子交换树脂的活性基团有磺酸基团（—SO_3H）和次甲基磺酸基团（—CH_2SO_3H），它们都是强酸性基团，其电离程度大且不受溶液 pH 的影响，当 pH 在 1～14 范围内时，均能进行离子交换反应。弱酸性阳离子交换树脂主要分为羧酸型树脂和酚型树脂，它的活性基团有羧酸基团（—COOH）、氧酸基团（—OCH_2COOH）、酚羟基团（—C_6H_5OH）及 β-双酮基团（—$COCH_2COCH_3$）等，其电离程度受 pH 的影响很大，在酸性溶液中几乎不发生离子交换反应，其交换能力随溶液 pH 的下降而减小，随 pH 的升高而增加。中强酸性阳离子交换树脂的活性基团为磷酸基团 $[—PO(OH)_2]$ 和次磷酸基团 $[—PHO(OH)]$。

阴离子交换树脂又可以分为强碱性阴离子交换树脂和弱碱性阴离子交换树脂。强碱性阴离子交换树脂的活性基团为季铵基团，有三甲氨基团 $[RN^+(CH_3)_3OH^-]$（Ⅰ型）和二甲基-β-羟基，它不受溶液 pH 变化的影响。弱碱性阴离子交换树脂的活性基团为伯胺基团（—NH_2）、仲胺基团（—NHR）和叔胺基团 $[—N(R)_2]$ 以及吡啶基团（—C_6H_5N），它的交换能力受溶液 pH 的变化影响很大，pH 越低，交换能力越高，反之则小，故在 pH<7 的溶液中使用。

离子交换法是目前广泛采用的制备纯水的方法之一（图 23.1）。水的净化过程是在离子交换树脂上进行的。离子交换树脂是有机高分子聚合物，它是由交换剂本体和交换基团两部分组成的。例如，聚苯乙烯磺酸型强酸性阳离子交换树脂就是苯乙烯和一定量的二乙烯苯的共聚物，经过浓硫酸处理，在共聚物的苯环上引入磺酸基（—SO_3H）而成。其中的 H^+ 可以在溶液中游离，并与金属离子进行交换。如果在共聚物的本体上引入各种氨基，就成为阴离子交换树脂。例如，季铵型强碱性阴离子交换树脂 $RN^+(CH_3)_3OH^-$，其中 OH^- 在溶液中可以游离，并与阴离子交换。

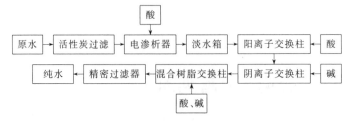

图 23.1 离子交换法制备纯水的工艺流程图

离子交换法制备纯水的原理就是基于树脂和天然水中各种离子间的可交换性。例如，RSO_3H 型阳离子交换树脂，交换基团中的 H^+ 可与天然水中的各种阳离子进行交换，使天

然水中的 Ca^{2+}、Mg^{2+}、Na^+、K^+ 等离子结合到树脂上，而 H^+ 进入水中，于是就除去了水中的金属阳离子杂质。水通过阴离子交换树脂时，交换基团中的 OH^- 具有可交换性，将 HCO_3^-、Cl^-、SO_4^{2-} 等离子除去，而交换出来的 OH^- 与 H^+ 发生中和反应，这样就得到了高纯水。离子交换法制备纯水的反应机理及理论依据如下：

（1）单床阳离子交换过程

$$RSO_3H + M^+ \Longrightarrow RSO_3M + H^+$$

式中，M^+ 代表常见的金属离子 K^+、Fe^{2+}、Cu^{2+}、Ca^{2+}、Mg^{2+} 等。

（2）单床阴离子交换过程

$$R_4NOH + A^- \Longrightarrow R_4NA + OH^-$$

式中，A^- 代表常见的阴离子 Cl^-、SO_4^{2-}、HCO_3^-、NO_3^-、F^-、PO_4^{3-} 等。

（3）阴阳混合床的离子交换过程

$$RSO_3H + M^+ + R_4NOH + A^- \Longrightarrow RSO_3M + H^+ + R_4NA + OH^-$$

$$H^+ + OH^- \Longrightarrow H_2O$$

Ca^{2+}、Mg^{2+} 等金属阳离子与铬黑 T 的显色反应原理如下：

H_2In^- $H^+ + HIn^{2-}$ $pK_{a2} = 6.30$

红色   蓝色

HIn^{2-} $H^+ + In^{3-}$ $pK_{a3} = 11.60$

蓝色   橙色

与金属离子形成的络合物为红色或紫红色，使用范围：$6.30 < pH < 11.60$。

3 实验器材

3.1 玻璃纤维（棉花）、乳胶管、螺旋夹、pH 试纸。

3.2 电导率仪（图 23.2）。

3.3 电导电极。

3.4 pH 计（图 23.3）。

图 23.2 电导率仪   图 23.3 pH 计

3.5 离子交换柱（图 23.4）。

4 实验试剂

4.1 固体药品：717 强碱性阴离子交换树脂，732 强酸性阳离子交换树脂。

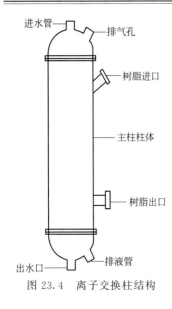

图 23.4 离子交换柱结构

（进水管 排气孔 树脂进口 主柱柱体 树脂出口 出水口 排液管）

4.2 液体药品

（1）NaOH（2mol/L）。

（2）HCl（2mol/L）。

（3）铬黑 T 指示剂：称取 0.5g 铬黑 T 与 4.5g 盐酸羟胺混合溶于 100mL 95％的乙醇中，备用。

（4）NH_3-NH_4Cl 缓冲液（pH＝10）：称取 20g NH_4Cl 溶于蒸馏水中，接着加入 100mL 浓氨水，然后用蒸馏水稀释至 1L，备用。

（5）$AgNO_3$（0.1mol/L）：称取 8.5g $AgNO_3$ 溶于一定量的蒸馏水中，完全溶解后转移到 500mL 容量瓶中，定容至刻度，备用。

（6）HNO_3（5 mol/L）：量取 197mL 的浓硝酸加入一定量的蒸馏水中，混合均匀后转移到 500mL 容量瓶中，定容至刻度，备用。

5 实验操作

5.1 树脂的预处理

5.1.1 阳离子交换树脂的预处理：将 732 强酸性阳离子交换树脂置于容器中，用蒸馏水浸泡 2～3 次，每次约半小时左右，然后用蒸馏水反复洗涤，直至洗出液为无色为止。然后将树脂置于 5％盐酸中浸泡 12h，将树脂拿出，用蒸馏水反复清洗至流出液的 pH 值为 4～5 为止。接着用 2mol/L 氢氧化钠溶液浸泡 4h，将树脂拿出，用蒸馏水清洗至流出液的 pH 值为 8～9 为止。再将树脂用 2mol/L 的盐酸浸泡 0.5h，取出树脂，用蒸馏水洗至 pH 值 5～6 为止，使树脂全部转化为 H^+ 型，从而完成了阳离子交换树脂的预处理及转型过程。

5.1.2 阴离子交换树脂的预处理：将 717 强碱性阴离子交换树脂置于容器中，用蒸馏水浸泡 2～3 次，每次半小时，然后用蒸馏水反复洗涤，直至洗出液为无色为止。然后将树脂用 2mol/L 氢氧化钠溶液浸泡 12h，取出树脂，用蒸馏水洗至洗出液 pH 值为 8～9 时止，再用 1mol/L 盐酸溶液浸泡 4h，用蒸馏水冲洗至流出液 pH 值为 4～5 时止。最后再用 2mol/L 氢氧化钠溶液浸泡 0.5h，用蒸馏水洗至洗出液 pH 值为 8～9 时止，使树脂全部转化为 OH^- 型，从而完成了阴离子交换树脂的预处理及转型过程。

最后把这两种处理好的树脂混合均匀。

5.2 装柱：在一支长约 30cm、直径 1cm 的交换柱内，下部放上一团玻璃纤维，下部通过橡皮管与尖嘴玻璃管相连接，用螺旋夹夹住橡皮管，将交换柱固定在铁架台上。在柱中注入少量的蒸馏水，排出管内玻璃毛和尖嘴中的空气，然后将已处理并混合好的树脂与水一起，从上端逐渐倾入柱中，树脂沿着水下沉，这样不致带入气泡。若水过满，可打开螺旋夹放水，当上部残留的水达到 1cm 时，在顶部也装入一小团玻璃纤维，防止注入溶液时将树脂冲起。

5.3 纯水制备：将自来水慢慢注入交换柱中，同时打开螺旋夹，使水成滴流出（流速 1～2 滴/s），等流过约 10mL 以后，截取流出液做水质检查，直至检验合格。

5.4 水质检验

5.4.1 化学检验（离子的定性检验）

（1）检验 Ca^{2+}、Mg^{2+}：分别取 5mL 交换水和自来水，各加入 3～4 滴 NH_3-NH_4Cl 缓

冲液以及 1 滴铬黑 T 指示剂，观察现象，并做好记录（交换过的水呈现蓝色，表示基本不含 Ca^{2+}、Mg^{2+}）。

（2）检验 Cl^-：分别取 5mL 交换水和自来水，各加入 1 滴 5mol/L HNO_3 和 1 滴 0.1mol/L $AgNO_3$ 溶液，观察现象，并做好记录（交换水无白色沉淀）。

5.4.2　物理检验

（1）电导率测定：用电导率仪分别测定交换水和自来水的电导率。并记录相关数据。

水中杂质离子较少，水的电导率就越小，用电导率仪测定电导率可间接表示水的纯度。习惯上用电阻率（即电导率的倒数）表示水的纯度。

理想纯水有极小的电导率。25℃时其电阻率为 $1.8 \times 10^7 \Omega \cdot cm$（电导率为 $0.056\mu S/cm$）。普通化学实验用水电阻率为 $1.8 \times 10^5 \Omega \cdot cm$（电导率为 $10\mu S/cm$），若交换水的测定值达到这个数值，即为合乎要求。

（2）pH 值测定：用 pH 计分别测定交换水和自来水的 pH 值。并记录相关数据。

6　实验记录、计算与实验结果（表 23.1）

表 23.1　实验记录表

测试水样	实验次数	pH 值	电导率/($\mu S/cm$)	检查现象		
				Ca^{2+}	Mg^{2+}	Cl^-
自来水	1					
	2					
	3					
交换水	1					
	2					
	3					

7　思考题

7.1　实验前为什么需要对树脂进行预处理？

7.2　在整个装柱操作过程中，树脂要一直保持为水覆盖，为什么？

7.3　控制水的流出速度为 1～2 滴/s，为什么？

7.4　检查离子时应该注意酸度的控制，为什么？

8　注意事项

8.1　树脂在储存过程中，尽量室温保存，避免过冷，影响质量。

8.2　防止气泡依附在交换树脂上影响离子的交换。

8.3　再生过程中，溶液流速不能过快，不然再生效率会降低，也会造成溶液的浪费。

8.4　清理交换树脂上有可能堵塞离子通过的杂质，洗至中性保证饮用的安全。

8.5　混合柱装柱时，待阴阳离子树脂混合后要立即排水，避免阴阳离子树脂分层。

8.6　混合柱内树脂再生前，要先逆洗，利用阴阳树脂的密度不同，使其分层，便于树脂再生。

8.7　混合柱再生时要注意酸碱溶液的用量及流速，避免酸性溶液流入阴离子层，使其失效。

实验 24 利用磁性树脂分离提纯赤霉素 GA3

1 实验目的

了解并掌握磁性树脂色谱分离纯化技术，掌握从低浓度赤霉素 GA3 的分离残液中分离赤霉素 GA3 的原理，熟练掌握磁性树脂色谱技术。

2 实验原理

赤霉素 GA3 纯品是一种白色晶体，其结构式如图 24.1，在 233～255℃分解，能溶于乙酸乙酯、丙酮、醇类、乙酸丁酯、冰醋酸等，难溶于水，不溶于烃类溶剂（如苯、氯仿等），溶液呈弱酸性，在酸性条件下较稳定，遇碱易分解。

磁性离子交换树脂是一种强碱性以聚丙烯为母体的季铵型离子交换树脂，氯离子作为可交换离子能与水中带负电的物质发生离子交换作用，显微镜下磁性树脂如图 24.2 所示。它是用聚合物黏稠溶液与极细的磁性材料混合，在选定的介质中经过机械分散，悬浮交联形成的微小的球状磁体。MIEX 的显著特点是其结构中有一定的磁性成分，使其具有弱磁性。这使 MIEX 树脂更容易团聚沉降，有利于树脂的分离回收，减少流失。MIEX 树脂粒径很小，比表面积较大，其能够迅速吸附水中有机物进行离子交换反应。

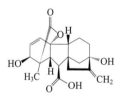

图 24.1 赤霉素 GA3 的结构式

图 24.2 显微镜下 MIEX 的粒子图片

经磁性离子交换树脂分离提取的赤霉素 GA3 需经过浓缩结晶进行纯化。对于不易分解和不易水解的物质，采用溶液直接加热的方法，等到出现一定量的晶体或者浓缩液表面出现晶膜时停止加热，自然冷却使剩余液体挥发就可得晶体。

3 实验器材

3.1 全温摇床（图 24.3）：公用。

3.2 电热恒温培养箱（图 24.4）：公用。

3.3 基础分析型纯水机（图 24.5）：公用。

3.4 电子天平：1 只/组。

3.5 灭菌锅（图 24.6）：公用。

3.6 离心机（图 24.7）：公用。

3.7 旋转蒸发仪（图 24.8）：公用。

3.8 超净工作台（图 24.9）：公用。

3.9 鼓风电热恒温干燥箱：公用。

3.10 紫外可见分光光度计（图 24.10）：公用。

3.11 磁性树脂：公用。

图 24.3　全温摇床

图 24.4　电热恒温培养箱

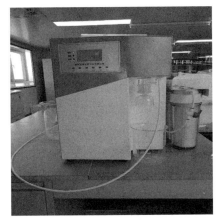

图 24.5　基础分析型纯水机

图 24.6　灭菌锅

图 24.7　离心机

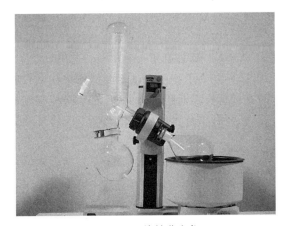

图 24.8　旋转蒸发仪

4　实验试剂

4.1　赤霉菌。

4.2　葡萄糖。

4.3　可溶性淀粉。

4.4　液化淀粉。

4.5　琼脂粉。

4.6　花生饼粉。

图 24.9 超净工作台

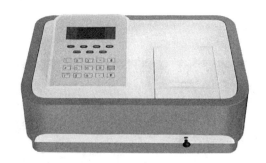

图 24.10 紫外可见分光光度计

4.7 麸皮。

4.8 豆粕粉。

4.9 硫酸镁。

4.10 磷酸二氢钾。

4.11 乙醇。

4.12 乙酸乙酯。

4.13 盐酸。

4.14 氢氧化钠。

4.15 赤霉素标准品。

4.16 马铃薯。

4.17 硅藻土。

5 实验操作

5.1 赤霉菌的活化

5.1.1 斜面培养基的配制

(1) 斜面培养基配方：土豆汁 200g，葡萄糖 20g，$MgSO_4 \cdot 7H_2O$ 1g，KH_2PO_4 1g，琼脂 20g，去离子水 1000mL。

(2) 按斜面培养基配方称量药品，加热搅拌至琼脂完全溶化。趁热分装于 15mm×150mm 的试管中，倒入培养基的体积为试管体积的 1/4。

(3) 分装完毕，管口堵入棉塞后 7 或 9 支试管扎一捆，棉塞部分用牛皮纸包扎。

(4) 在 121℃的条件下采用高压蒸汽灭菌 20min，灭菌结束后待试管冷却至 50℃左右摆斜面。

5.1.2 斜面接种

(1) 左手平托两支试管，拇指按住试管底部。外侧是菌种试管，内侧是待接的空白斜面（两支试管的斜面同时向上），右手将棉塞旋松，以便在接种时容易拔出。

(2) 右手拿接种环，在火焰上先将环端烧红灭菌，然后将有可能伸入试管的其余部位也过火灭菌。

(3) 将两支试管的上端并齐，靠近火焰，用右手小指和掌心将两支试管的棉塞一并夹住拔出，棉塞仍夹在手中，然后让试管口缓缓过火焰。

(4) 将已灼烧过的接种环伸入外侧的菌种试管内。先冷却，而后再用环蘸取一定量的菌苔，将沾有菌苔的接种环抽出试管。

(5) 迅速将沾有菌种的接种环伸入另一支待接斜面试管的底部，轻轻向上划线（直线或曲线）。

(6) 接好种的斜面试管口再次过火焰，棉塞底部过火焰后立即塞入试管内。

(7) 将沾有菌苔的接种环在火焰上烧红灭菌。先在内焰中烧灼，使其干燥后，再在外焰中烧红，以免菌苔骤热，使菌体爆溅，造成污染。

(8) 放下环后，再将棉塞旋紧，在试管斜面上距试管口 2～3cm 处贴上标签。

(9) 将接种好的斜面试管置 30℃下培养 2 天，进行观察。

5.2 赤霉菌的种子培养

5.2.1 种子培养基的配制

(1) 种子培养基配方：葡萄糖 15g，可溶性淀粉 10g，花生饼粉 16.5g，$MgSO_4 \cdot 7H_2O$ 1g，KH_2PO_4 1g，去离子水 1000mL。

(2) 取一只干净三角烧瓶，在 250mL 三角瓶中分装培养基 150mL，用棉塞包扎瓶口，再加牛皮纸包扎，在 121℃灭菌 20min。

5.2.2 种子培养

(1) 无菌条件下，在斜面菌种管中倒入一定量的无菌水，用接种环将菌苔刮下，再将菌悬液倒入上述的种子液培养基中，倒前需将管口在火焰上灼烧灭菌。

(2) 接种后，塞上棉塞，烧灼接种针。最后轻轻晃动三角瓶，使菌体在培养基中均匀散开。

(3) 在 30℃、200r/min 的全温摇床上培养 2 天，观察菌丝体形态及浓度。

5.3 赤霉菌的发酵培养

5.3.1 发酵培养基的配制

(1) 发酵培养基配方：液化淀粉 100g，花生饼粉 15g，豆粕粉 3g，$Mg SO_4 \cdot 7H_2O$ 0.75g，KH_2PO_4 1g，去离子水 1000mL。

(2) 取干净三角烧瓶，在 250mL 三角瓶中分装培养基 150mL，用棉塞包扎瓶口，再加牛皮纸包扎，在 121℃灭菌 20min。

5.3.2 菌种发酵

(1) 待发酵培养基灭菌后冷却到 30℃时，按接种量 10%进行接种。

(2) 在 30℃、180r/min 的旋转式摇床上培养 48h，观察菌丝体形态及浓度。

5.3.3 发酵液中赤霉素的测定

(1) 发酵液经适当稀释后调节 pH 至 2.0，离心，吸取上清液并加入 2 倍体积的乙酸乙酯进行萃取。

(2) 精确量取上层乙酸乙酯 1mL 到比色管中，加入 9mL 70% $HClO_4$，混匀，放置 10min 后，使用蒸馏水作参比，420nm 处比色。

(3) 绘制标准曲线，然后从标准曲线查出相应赤霉素 GA3 含量，计算发酵液中赤霉素 GA3 的含量。

5.4 赤霉素的提取分离

5.4.1 磁性树脂的预处理

(1) 用 2 倍体积的乙醇浸泡磁性聚丙烯季铵型离子交换树脂 24h，并不时搅拌，使树脂充分溶胀。

(2) 将已经充分溶胀的磁性聚丙烯季铵型离子交换树脂装柱，用 5 倍树脂体积的乙醇淋洗，洗至流出液与水以 1:5 混合不呈乳白色。再用大量去离子水洗尽乙醇。

(3) 接着用 4 倍体积的 5% HCl 溶液，以 5BV/h 的流速通过树脂层，并浸泡 3h，而后用去离子水以同样流速洗至水 pH 值为中性。

(4) 最后用 4 倍体积的 5% NaOH 溶液，以 5BV/h 的流速通过树脂层，并浸泡 3h，而后用去离子水以同样流速洗至水 pH 值为中性。

5.4.2 赤霉素的提取

(1) 取赤霉菌发酵液，用 1mol/L 的盐酸调节 pH 至 2.0。

(2) 将粉碎、清洗后的硅藻土加入上述 pH2.0 的赤霉菌发酵液中，硅藻土与赤霉菌发酵液质量比为 1:10，搅拌 10min，过滤并收集滤液。

（3）取径高比为 1∶10 的树脂柱，在树脂柱的底部放一层厚度为 1～2cm 的脱脂棉，用玻璃棒压平；在磁性聚丙烯季铵型离子交换树脂中加入少量水，搅拌后倒入垂直的树脂柱中。

（4）将树脂柱置于可调节的纵向外加磁场中，磁感应强度为 1.5T，将步骤（2）中的滤液以 3BV/h 的流速流过磁性树脂。

（5）吸附结束后，保持外加磁场的方向不变，将外加磁场的磁感应强度调为 0.8T。先用体积浓度 18% 的乙醇溶液以 1.0BV/h 的流速流过树脂柱，解吸时间为 3h，解吸除杂。

（6）再用体积浓度 75% 的乙醇溶液以 3BV/h 的流速对磁性树脂柱进行解吸，解吸时间为 5h，收集解吸液。

（7）将（6）中的解吸液在 0.1MPa、30℃ 的条件下加热浓缩，等到出现一定量的晶体或者浓缩液表面出现晶膜时停止加热，自然冷却使剩余液体挥发得到晶体。

（8）将步骤（7）中得到的晶体用真空干燥箱进行干燥。真空干燥箱的温度为 40℃，真空度为 0.01MPa，干燥时间为 12h。最终得粉末，经 HPLC 检测，为赤霉素粉末。

6 思考题

6.1 膜分离材料为什么具有选择透过性？

6.2 什么是膜的浓差极化？预防膜的浓差极化的措施有哪些？

6.3 什么是膜污染？如何减轻膜污染？

6.4 比较液膜分离技术与普通的溶剂萃取技术的异同点。

7 注意事项

7.1 接种环或接种针每次使用前后，均须火焰灭菌。

7.2 接种环经火焰灭菌后，需待冷却后再蘸取标本或放置于工作台上，以防烫死微生物和烧损桌面。

7.3 从培养瓶或试管培养物中沾取标本时，培养瓶口、试管口在打开后及关闭前，应于火焰上灼烧 1～2 次，以杀死可能从空气中落入的杂菌和由培养物产生的致病菌。打开瓶塞或试管塞时，应将棉塞上端夹于手指间适当的位置，不得将棉塞任意放置别处。

7.4 新树脂中往往存有单体、各种添加剂及低聚物等，还有 Fe、Cu、Pb 等无机杂质，在使用之前要用盐、酸、碱溶液进行预处理，除去树脂中的可溶性杂质。

7.5 装柱之前在色谱柱底部垫玻璃棉或海绵圆垫以防吸附剂外漏。

7.6 在装柱时必须防止气泡、分层及柱子液面在树脂表面以下等现象发生。

7.7 色谱时一直保持流速 10～12 滴/min，并注意勿使树脂表面干燥。

7.8 使用中应注意保持树脂的强度和稳定性，尽量避免或减少机械的、物理的或化学的损伤以及有机物、油脂、悬浮物、胶体、高价金属离子及再生剂中杂质等对树脂的污染。

7.9 在树脂的贮存和运输中要保持密封，防止干燥，同时贮存过程中应尽量在常温状态下保存，避免过冷，影响质量。

实验 25 链霉菌发酵液提取多抗菌素

1 实验目的

了解从链霉菌发酵液提取多抗菌素的实验原理，熟练掌握从链霉菌发酵液提取多抗菌素的技术。

2　实验原理

链霉菌属革兰氏阳性放线菌（图 25.1），主要生长在含水量较低、通气性良好的土壤中，一些也可见于淡水和海洋。其具有复杂的生活周期和次生代谢途径，因此多数种类的链霉菌都能产生抗生素。

多抗菌素是由可可链霉菌阿苏变种（*Streptomyces cacaoi* var. *asoensis*）、金色产色链霉菌（*Streptomyces aureochromogenes*）产生的次级代谢产物，为一系列结构相似的肽嘧啶核苷类抗生素，参见图 25.2。多抗菌素随着碳链上 R^1、R^2、R^3 三个位点上官能团的变化，它的组分有多抗菌素 A 至多抗菌素 N，14 种之多，参见表 25.1。

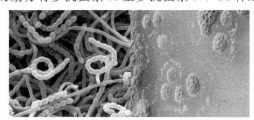

图 25.1　链霉菌　　　　　　　图 25.2　多抗菌素核苷骨架结构

表 25.1　多抗菌素不同组分的化学结构

官能团 ＼ 多抗菌素	A	B	C	D	E	F	G
R^1	CH₂OH	CH₂OH	CH₂OH	COOH	COOH	COOH	CH₂OH
R^2	⎰COOH（氮杂环丁烷）	OH	OH	OH	OH	⎰COOH（氮杂环丁烷）	OH
R^3	OH	OH	×	OH	H	OH	H
R^1	CH₃	CH₂OH	CH₃	H	H	H	×
R^2	⎰COOH（氮杂环丁烷）	⎰COOH（氮杂环丁烷）	OH	⎰COOH（氮杂环丁烷）	OH	H	OH
R^3	OH	×	OH	OH	OH	H	OH

本实验采用离子交换技术对链霉菌发酵液中的多抗菌素进行分离。离子交换技术的原理是利用离子交换剂吸附溶液中的一种或者几种离子，在吸附的同时，离子交换剂释放出另一种离子，从而达到吸附多抗菌素的目的，然后在另一种溶剂的作用下被吸附的物质被洗脱下来，以达到纯化的目的。

根据不同的溶质可选择不同的离子交换剂。常见树脂参见表 25.2。

表 25.2　市场上几种常见树脂

类型	结构	活性基团	pH 范围	商品树脂牌号
强酸型	交联聚苯乙烯	—SO₃H	0～14	强酸阳 1 号、强酸 732、Amberlite IR-120、Amberlite200、Dowex50、Zerolit225、神胶一号
中酸型	交联聚苯乙烯	—PO(OH)₂	4～14	KF-1、KF-2、Duolite ES-63
弱酸型	聚丙乙烯	—COOH	6～14	弱酸阳离子交换树脂、弱酸性阳# 101、Amberlite IRC-50

续表

类型	结构	活性基团	pH 范围	商品树脂牌号
强碱型	交联聚苯乙烯	—N(CH₃)₃Cl	0～14	强碱性阴#171、强碱性阴#201、Amberlite IRA-400、Amberlite IRA-410、Dowex1、Dowex2、Zerolit FF、AV-15
弱碱型	交联聚苯乙烯	—NH(CH₃)₂OH、—NH₂(CH₃)OH	0～7	弱碱性阴#704、弱碱性阴#330、Amberlite IR-45、Dowex 3、Zerolit H

通过高效液相法测定抗生素效价，主要分为内标法和外标法。内标法即精确称取对照品和待测物质，只要测定内标物和待测组分的峰面积与相对响应值，即可求出待测组分在样品中的百分含量。外标法即分别称取一定量的对照品和待测物，分别跑液相，根据相对应峰值的峰面积的比例来测定待测物的含量。液相色谱法具有范围广、结果准确的特点，但是其成本较高且所需时间较长。

3 实验器材

3.1 全温摇床：1 台/组。

3.2 电热恒温培养箱：1 台/组。

3.3 基础分析型纯水机：1 台/组。

3.4 电子天平：1 台/组。

3.5 灭菌锅：1 台/组。

3.6 冰箱：1 台/组。

3.7 离心机：1 台/组。

3.8 光学显微镜：1 台/组。

3.9 超净工作台：1 台/组。

3.10 鼓风电热恒温干燥箱：1 台/组。

3.11 葡聚糖凝胶柱：1 只/组。

4 实验试剂

4.1 菌种：金色产色链霉菌 CGMCC No. 5756。

4.2 试剂：蛋白胨，葡萄糖，蔗糖，酵母膏，硫酸亚铁，硫酸镁，磷酸氢二钾，磷酸二氢钾，碳酸钙，硫酸铵，尿素，氯化钠，磷酸氢二钠，硫酸锰，玉米浆，豆饼粉，淀粉，蛋白胨，琼脂粉，多抗菌素标准品，马铃薯，可溶性淀粉。

5 实验操作

为了得到多抗菌素，首先将链霉菌进行活化，将活化后的链霉菌制备成摇瓶种子液，进行链霉菌摇床发酵获取发酵液，同时对链霉菌发酵产物进行活性测定，确保产物活性，最后采用离子交换技术分离链霉菌发酵液中的多抗菌素，实验路线参见图 25.3。

5.1 链霉菌的活化

5.1.1 高氏一号培养基活化链霉菌

（1）培养基配方：用电子天平称取可溶性淀粉 20g、硝酸钾 1g、氯化钠 0.5g、磷酸氢二钾 0.5g、硫酸镁 0.5g、硫酸亚铁 0.01g、琼脂 20g，用量筒量取 1000mL 水，将上述成分混合后，再调节 pH 值 7.2～7.4。

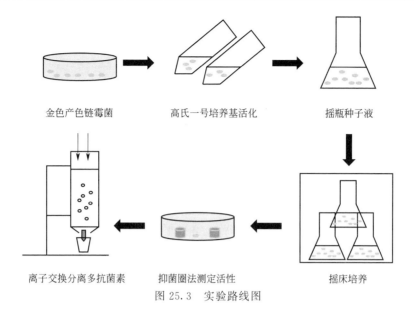

金色产色链霉菌　　高氏一号培养基活化　　摇瓶种子液

离子交换分离多抗菌素　抑菌圈法测定活性　　摇床培养

图 25.3　实验路线图

（2）实验步骤：按配方称量药品，将药品边加热边搅拌，直至混合物中的琼脂完全溶化，再加水至 1000mL。然后趁热将混合物分装于 18mm×180mm 试管，斜面高度以 8mm 刻度处为宜。分装完毕后，用棉塞把试管口塞住，并检查确保试管不会发生滴漏。把塞有棉塞的试管捆扎好。将捆扎好的试管放入灭菌锅进行高压蒸汽灭菌，在 121℃的灭菌温度下灭菌 20min，灭菌后趁热将试管摆成斜面。

5.1.2　斜面接种

（1）左手拿试管菌种，右手拿接种环。先用酒精灯灼烧接种环，对其进行灭菌操作。再将接种环放在空白培养基里进行冷却。接着用冷却后的接种环挑取菌落，并在火焰旁停留片刻。

（2）先将左手的试管菌种放下，接着拿起斜面培养基，并将装有培养基的试管靠近火焰，在火焰旁用右手小指和手掌边缘拔卜试管口的棉塞并夹紧，迅速将接种环伸入空白斜面，在斜面培养基上轻轻划线，将菌体接种于其上。划线时由底部向上划一直线，一直划到斜面的顶部。注意划线力度，勿将培养基划破；不要让菌体碰到管壁，防止沾污管壁。

（3）用酒精灯灼烧试管口，并在火焰旁将棉塞迅速塞好试管口。接种完毕后，对接种环进行灼烧灭菌，只有将环上的余菌清除后才能将接种环放下。

（4）将接种后的斜面培养基置于 28℃电热恒温培养箱中，培养 5～6 天，观察结果并记录。

5.2　链霉菌的摇瓶种子制备

5.2.1　菌种：链霉菌（由 5.1 活化得到）。

5.2.2　培养基：用电子天平称取豆饼粉 20g、淀粉 40g、酵母膏 5g、蛋白胨 5g、硫酸铵 3g、硫酸镁 0.25g、磷酸二氢钾 0.2g、碳酸钙 4g，用量筒量取 1000mL 自来水，混合上述成分，再调节 pH 在 7.2～7.4 之间。

5.2.3　实验步骤：取容量为 250mL 的干净三角烧瓶，用三角烧瓶分装 30～50mL 的培养基，用棉塞塞紧瓶口，再加牛皮纸包扎，在压力 0.1MPa 的灭菌锅中灭菌 45～60min。在无菌的条件下，将 10mL 无菌水注入活化的菌种斜面，再振荡成孢子悬浮液（孢子浓度约为

8×10^4 个/mL）。待发酵培养基灭菌后，在室温下冷却到 28℃ 时，分别将孢子悬浮液接入 250mL 的三角烧瓶中，接种量为 2mL，标好记号。接着在旋转式摇床以 28℃、200r/min 的培养条件培养 24h，观察链霉菌的菌丝体形态及浓度。

5.3　链霉菌摇床发酵

5.3.1　菌种：链霉菌摇瓶种子液中的链霉菌（由 5.2 获得）。

5.3.2　摇瓶发酵生产培养基：用电子天平称取葡萄糖 160g、尿素 5g、硫酸镁 0.5g、磷酸氢二钠 1.6g、玉米浆 25～35g、硫酸亚铁和硫酸锰各 20mg、食用油消泡剂 0.3g，用量筒量取 1000mL 水，将上述成分混合，再调节 pH 至 7.2。

5.3.3　实验步骤：取干净三角烧瓶，烧瓶的容量为 250mL。用三角烧瓶分装培养基 30～50mL，用 8 层纱布包扎瓶口，再加牛皮纸包扎，放入灭菌锅，在灭菌锅中以 115℃ 的温度灭菌 20min。等发酵培养基灭菌结束后，室温下进行冷却，冷却到 30℃ 时，按接种量 8%～10% 进行接种。接着放入旋转式摇床，在 32℃、100r/min 的条件下培养 36～40h。链霉菌发酵过程中，还需要在培养基中补加灭菌尿素，以增加培养基中链霉菌生长所需的氮源，并维持 pH 值。

5.4　链霉菌发酵产物活性测定

5.4.1　实验试剂

(1) 测定用指示菌：枯草芽孢杆菌。

(2) 培养基

① 传代用培养基（用于枯草芽孢杆菌传代和保藏）：用电子天平称取蛋白胨 10g、牛肉膏 3g、氯化钠 5g、琼脂 18g，用量筒量取 1000mL 蒸馏水，将上述成分混合后，再调节 pH 在 7.2～7.5 之间。

② 生物测定用培养基（培养基Ⅰ）：用电子天平称取蛋白胨 5g、牛肉浸出粉 3g、琼脂 15～20g、磷酸氢二钾 3g，量取 1000mL 蒸馏水，除琼脂外，混合上述成分，调节的 pH 值比最终的 pH 值略高 0.2～0.4。加入琼脂并加热，待溶化后滤过。再将培养基放入 115℃ 的灭菌锅中灭菌 30min，灭菌结束后调节培养基的 pH 值使其至 7.8～8.0。

(3) 试剂：标准链霉素（0.6～1.6U/mL），100mL NaCl 溶液（0.85%），1000mL 磷酸缓冲液（1%，pH=7.8）。

5.4.2　实验步骤

(1) 枯草芽孢杆菌菌悬液的制备：将枯草芽孢杆菌接种于营养琼脂培养基斜面，在电热恒温培养箱中以 35～37℃ 的培养温度培养 7 天，7 天后用革兰氏染色法涂片镜检枯草芽孢杆菌，理论上应该有 85% 以上芽孢。接着用无菌水洗下芽孢，洗下的芽孢在 65℃ 加热 30min，放好备用。

(2) 上层培养基的准备：将已灭菌的生物测定用的 100mL 培养基，熔化后放入 50℃ 恒温水浴中，待温度保持平衡后，在培养基里加入 5mL 枯草芽孢杆菌菌悬液，充分摇匀 3min，放好备用。

(3) 平板的制作：取灭菌培养皿，每个皿用大口移液管吸入 20mL 温度在 50℃ 左右的测定培养基，之后水平放置培养皿，待测定培养基凝固后用大口移液管吸入 5mL 上层培养基放入培养皿中，随后来回倾侧培养皿（要迅速）直至上层含菌的培养基均匀分布，上层培养基凝固后放好备用。

(4) 放置小钢管：在实验前用尺测量双碟的底，并做好标记，实验中按照双碟底面的标记放置小钢管。小钢管放置时，要小心地从同一高度垂直放在菌层培养基上，不得下陷，不得倾斜，不能用悬空往下掉的方法。放置之后，不要随意移动小钢管的位置，静置 5min 后，等小钢管在琼脂内稍下沉降稳定后，再开始在培养基里滴加抗生素溶液。

（5）滴加抗生素溶液：滴加抗生素要按照 SH→TH→SL→TL（二剂量法，S 代表标准品，T 代表供试品，H 代表高浓度，L 代表低浓度）的顺序滴加，在一双碟对角的 2 个不锈钢小管中分别滴装高浓度及低浓度的标准品溶液，其余 2 个小管中滴装相应的高低两种浓度的供试品溶液，高低浓度的剂距为 2：1 或 4：1。溶液的液面应该与小钢管管口齐平，液面反光呈黑色（抗生素液体加入量不能按滴计算，即使同一滴管，每滴的量也有差异）。若抗生素过量，可用无菌滤纸片小心吸去多余的抗生素溶液。

（6）双碟中菌株的培养：滴加了抗生素溶液后的双碟忌震动，要轻拿轻放。在搬运到培养箱的过程中，可以预先在培养箱中垫上报纸铺平，再把双碟连同垫于桌上的玻璃板小心运至培养箱，缓慢推入箱内。把双碟中菌株放入电热恒温培养箱中，在 35～37℃ 下培养 14～16h。把双碟放入培养箱时，要与箱壁保持一定的距离，双碟叠放也不能超过 3 个。培养中，箱门不得随意开启，以免影响温度。应经常注意温度，防止意外过冷过热。

（7）抑菌圈测量

① 实验结果中抑菌圈直径不应该过大或者过小。在实验之前，可以先做一个关于用不同浓度菌液配制的琼脂培养基菌层预实验，选择直径在 18～22mm 的抑菌圈，菌液浓度为实验用浓度（菌液浓度约为 10^6 个/mL）。菌液在使用一段时间后，可以重新配制纯化或者减小原来菌液在使用中的稀释倍数。因为菌株不纯或在批量实验中后期，菌液保存的时间过久，菌株就会逐渐衰亡，生长周期不一致，影响其对抗生素的敏感度，导致抑菌圈变大、模糊或者出现双圈。

② 在双碟底部垫一张黑纸，在灯光下用游标卡尺测量抑菌圈直径。切记不可取去小钢管再测量，因为小钢管中残余的抗生素溶液会流出扩散，使抑菌圈变得模糊。也不能把双碟翻转过来再测量抑菌圈直径，因为底面玻璃折射会影响抑菌圈测量的准确性。将测量结果记录下，而后进行效价计算。

5.5 链霉菌发酵产物的提取

（1）取链霉菌发酵液，可以用浓度均为 3.0mol/L 的 HCl、H_2SO_4 或 H_3PO_4 的酸溶液调节发酵液的 pH 至 4.0，随后将 pH4.0 的发酵液放入离心机进行离心，离心机的转速为 10000r/min，离心时间为 25min。离心结束后收集上清液，过滤，得到澄清液体。

（2）将澄清液体倒入分液漏斗中，再向分液漏斗中加入澄清液体体积一半的有机溶剂乙酸乙酯。按住瓶塞充分振荡 3min，将分液漏斗静置 1h，打开旋塞，将下清液收集在烧杯中。随后取出上清液，用旋蒸仪对上清液进行旋蒸，得旋蒸液。旋蒸后，所得旋蒸液与上清液的理论体积比为 1：100。

（3）再将旋蒸液用酸调节 pH 至 4.0，随后将其转移到装有 0001×7 型阳离子交换树脂的床层上进行吸附（离子柱径与高比为 1：12），并用质量分数为 25% 的 NaCl 溶液对交换树脂进行洗脱，流速为 5～15mL/min，每 5min 收集一次洗脱液。洗脱至洗脱液用紫外分光光度计在 240nm 之间没有检出峰为止，随后合并有检出峰的洗脱液，放入旋蒸仪中进行旋蒸，得浓缩液 I。旋蒸液与洗脱液的理论体积比为 1：100。

（4）将浓缩液 I 转移至 G-15 或 G-25 葡聚糖凝胶柱（凝胶柱径：高为 1：7），用去离子水或超纯水对凝胶柱进行洗脱，流速为 2mL/min，每 5min 收集一次洗脱液。洗脱至洗脱液用紫外分光光度计在 240nm 之间没有检出峰为止，随后合并有检出峰的洗脱液。再将洗脱液放入旋蒸仪中进行旋蒸，得浓缩液Ⅱ。浓缩液Ⅰ与洗脱液的理论体积比为 1∶100。

（5）将浓缩液Ⅱ用酸调节 pH 值至 4.0，再加入有机溶剂无水乙醇或丙酮，直至晶体不再析出，得到重结晶晶体。将重结晶晶体放入温度为 80℃、真空度为 －0.01MPa 的真空干燥箱进行干燥，干燥时间为 12h。最终得粉末，经 HPLC 检测，为多抗菌素粉末。

6 实验记录、计算与实验结果

6.1 计算方法
（1）根据下式求树脂的吸附容量：

$$吸附容量(g/mL 树脂)=\frac{U_1 \times V_1 - U_2 \times V_2}{V} \tag{25.1}$$

（2）根据吸附容量计算洗脱收率：

$$洗脱收率=\frac{U_3 \times V_3}{吸附容量(g/mL) \times V} \times 100\% \tag{25.2}$$

式中　V_1 和 U_1——分别为通入柱的滤液体积（mL）和多抗菌素含量（mg/L）；
　　　V_2 和 U_2——分别为流出合并液的体积（mL）和多抗菌素含量（mg/L）；
　　　V_3 和 U_3——分别为洗脱液的体积（mL）和多抗菌素含量（mg/L）；
　　　V——柱中树脂的体积，mL。

其中 U_1、U_2、U_3 均可通过"5.4　链霉菌发酵产物活性测定"中的方法计算得到。

6.2 实验结果与讨论
（1）求树脂的吸附容量和洗脱收率，填写表 25.3。

表 25.3　分离过程吸附容量与洗脱收率

滤液体积/mL		多抗菌素含量/(mg/L)	
V_1		U_1	
V_2		U_2	
V_3		U_3	
吸附容量		洗脱收率	

（2）求干成品中多抗菌素的含量（mg/mg），分析其纯度。

7 思考题
7.1　放置小钢管时，管与管之间如果太靠近会产生什么后果？
7.2　小钢管与双碟边缘的距离不能太靠近，为什么？
7.3　双碟中菌株恒温培养时间为什么控制在 14～16h？太长或者太短会怎么样？
7.4　将双碟放入培养箱时，为什么要与箱壁保持一定的距离？

8 注意事项
8.1　在冻干机进行冻干之前，样品要进行预冻。
8.2　种子液摇瓶培养时，注意培养时间，一般在对数期接至发酵液。
8.3　硫酸镁在调节完 pH 之后再加，防止生成沉淀影响 pH 值。
8.4　使用冻干机之前要进行预热。

8.5 配制平板时，琼脂应该最后加。

8.6 抗生素发酵液的保存酸碱度为 pH4～9 比较稳定，但是不宜时间过长。

8.7 在进行离子交换处理前，一般要对发酵液进行预处理。

9 存在的问题

9.1 对于链霉菌发酵液的预处理，目前工厂现行的方法主要有加热、调等电点除去蛋白质、用无机电解质的电中和作用除去杂质离子等。主要存在以下问题：

9.1.1 发酵液预处理不当，过滤后的滤液中含有较多的杂蛋白，对后续处理工艺带来了很大的不便。

9.1.2 抗生素发酵液固-液分离过程中过滤的速度慢，并且容易堵塞板框和膜孔，造成提取工艺的难度增加并且使得生产周期延长。

9.1.3 过滤后的滤液成为 COD 很高的废液，处理成本居高不下。

9.2 整个流程中抗生素损失量大，参见表 25.4。在流程中最大限度地降低抗生素的损失或者减少某一流程，并改为其他方法可以降低损失。

表 25.4 不同提取步骤后抗生素的残余量

提取步骤	抗生素剩余量	提取步骤	抗生素剩余量
离心除菌体蛋白	剩余 95% 以上	旋转蒸发	剩余 28%～39%
大孔树脂色谱	剩余 78%～80%	HPLC	剩余 18%～25%
旋转蒸发	剩余 61%～70%	旋转蒸发	剩余 11%～17%
大孔树脂 HP-20 色谱	剩余 38%～50%	两次冷冻干燥	共损失约 5%～8%

9.3 由于链霉菌所产抗生素具有高温易分解的特点，因此要尽量控制旋转蒸发的温度不超过 50℃。

实验 26 脱硫杆菌胞内有效蛋白质分离纯化方法

1 实验目的

1.1 了解细菌胞内蛋白质分离纯化的方法及基本原理。

1.2 掌握蛋白质分离的常用方法及其原理。

1.3 掌握离心、超声破碎、萃取、冷冻干燥等实验操作及其注意事项。

2 实验原理

2.1 脱硫杆菌简介：硫杆菌属（*Thiobacillus*）是硫化细菌的主要代表，是一类自养微生物。硫杆菌是革兰氏阴性、不生芽孢、极生鞭毛的短杆菌，适宜生长温度为 25～30℃，pH 值范围较宽。硫杆菌种类较多，广泛分布于海水、淡水、池泥及其他土壤中。

脱硫杆菌（*Thiobacillus thioparus*），又名排硫硫杆菌，革兰氏阴性菌，细短杆菌，严格自养，能量靠氧化硫代硫酸盐成硫酸盐取得，氮源为硝酸盐和铵盐。该菌最适温度 28℃，最适 pH 为 6.6～7.2。发现于泥土、运河水和其他淡水来源。脱硫杆菌在固体培养基上培养，呈白色或淡黄色、微透明小圆点状，有光泽，边缘光滑整齐，单细胞外通常有一层荚膜，以极生鞭毛运动。

2.2 离心分离：离心分离是以固体和液体间的密度差为基础，即二者有密度差的固液悬浮液，在离心力作用下进行的沉降分离。悬浮液中的颗粒在离心力场中受到离心力的作用，当颗粒密度大于液体密度时，离心力使其沿径向向外运动；当颗粒密度小于液体密度时，在离心力作用下，液体迫使固体颗粒沿径向向内运动。因此，离心沉降可视为较细颗粒重力沉降的延伸，并且能够分离通常在重力场中较为稳定的乳状液，这一分离过程可视为在离心力场作用下悬浮液中固体颗粒的自由沉降过程。影响离心分离过程进行情况和效果的主要是物料的物理性质和物理化学性质。

2.3 超声破碎：细胞超声破碎法是利用超声探针针尖的快速振动所产生的超声波，即空化作用对细胞进行破碎的方法。空化会在针尖附近形成高速的微小气泡流，气泡高速运动所产生的强剪切力将细胞破坏。这并不是一个瞬时的过程，细胞悬液需要超声处理数分钟以使细胞裂解至所需的程度。

超声破碎处理少量样品时操作简便，液量损失少。超声破碎法是很强烈的破碎方法，适用于多数微生物的破碎。超声破碎法的有效能量利用率极低，操作过程产生大量的热，因此操作需在冰水或有外部冷却的容器中进行。由于对冷却的要求相当苛刻，所以不易放大，主要用于实验室规模的细胞破碎。

2.4 萃取：利用溶质在互不相溶的两相之间分配系数的不同而使溶质得到纯化或浓缩的方法称为萃取。在生物产物中，萃取可用于有机酸、氨基酸、抗生素、维生素、激素、生物碱、多肽、蛋白质、核酸等各种生物产物的分离纯化。

萃取是利用液体或超临界流体为溶剂提取原料中目标产物的分离纯化操作。所以，萃取操作中至少有一相为流体，一般称该流体为萃取剂。以液体为萃取剂时，如果含有目标产物的原料也为液体，则称此操作为液液萃取；如果含有目标产物的原料为固体，则称此操作为液固萃取或浸取。以超临界流体为萃取剂时，含有目标产物的原料可以是液体，也可以是固体，称此操作为超临界流体萃取。另外，在液液萃取中，根据萃取剂的种类和形式的不同又分为有机溶剂萃取（简称溶剂萃取）、双水相萃取、液膜萃取和反胶团萃取等。每种方法均各具特点，适用于不同种类生物产物的分离纯化。

2.5 干燥：干燥是利用热能除去目标产物的浓缩悬浮液或结晶（沉淀）产品中湿分（水分或有机溶剂）的单元操作，通常是生物产物成品化前的最后下游加工过程。因此，干燥的质量直接影响产品的质量和价值。冷冻干燥也称为真空冷冻干燥或冻干，该技术将湿料中的水在超低压力条件下直接从固态升华为气态，并加以除去。冷冻干燥技术是真空技术、制冷技术和干燥技术的有机结合，特别适用于热敏性、易氧化的物料（如生物制剂、抗生素等药物的干燥处理），能在不失其活性、生物试样性质不变的条件下长时间操作，最终得到稳定的干燥产品。

3 实验器材

3.1 超净工作台：1台/组。

3.2 全温摇床：1台/组。

3.3 恒温振荡器（图26.1）：1台/组。

3.4 高压蒸汽灭菌锅：1台/组。

3.5　高速台式离心机：1台/组。

3.6　电子天平：1台/组。

3.7　磁力搅拌器（图26.2）：1台/组。

3.8　超级恒温槽（图26.3）：1台/组。

3.9　pH 计：1台/组。

3.10　超声破碎仪（图26.4）：1台/组。

3.11　冻干机（图26.5）：1台/组。

图26.1　恒温振荡器

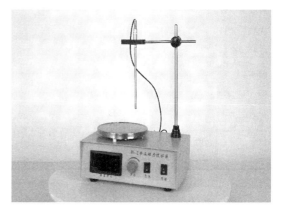

图26.2　磁力搅拌器

图26.3　超级恒温槽

图26.4　超声破碎仪

图26.5　冻干机

3.12　250mL 三角瓶：5个/组。

3.13　接种环：1个/组。

3.14　酒精灯：1个/组。

3.15　50mL 离心管：8个/组。

3.16　玻璃棒：1个/组。

3.17　50mL 烧杯：2个/组。

4　实验试剂

4.1　菌种：脱硫杆菌 CGMCC No. 12756。

4.2　主要试剂：如表26.1所示。

表 26.1 主要试剂

名称	级别	生产厂家
胰蛋白胨	生化试剂	国药集团化学试剂有限公司
酵母浸粉	生化试剂	国药集团化学试剂有限公司
氯化钠	化学纯	广东汕头市西陇化工厂
氯化铵	分析纯	国药集团化学试剂有限公司
硫酸镁	分析纯	国药集团化学试剂有限公司
磷酸氢二钾	分析纯	永华化学科技有限公司
磷酸二氢钾	分析纯	永华化学科技有限公司
硫代硫酸钠	分析纯	上海凌峰化学试剂有限公司
尿素	分析纯	西陇化工股份有限公司
3-[3-(胆酰胺丙基)二甲氨基]丙磺酸内盐	分析纯	成都艾科达化学试剂有限公司
巯基乙醇	分析纯	北京市津同乐泰化工产品有限公司
乙醇	分析纯	成都艾科达化学试剂有限公司
三氯甲烷	分析纯	洛阳昊华化学试剂有限公司

5 实验操作

脱硫杆菌胞内有效蛋白质的分离纯化主要包括脱硫杆菌发酵液处理和胞内蛋白质提取两部分，涉及离心分离、萃取、纯化、干燥等步骤（图 26.6）。可通过发酵液离心分离、细胞破碎、蛋白质提取与纯化实现脱硫杆菌胞内有效蛋白质的分离纯化。分离纯化所得胞内蛋白质，可用于脱硫杆菌的蛋白质学、蛋白质组学等领域的研究。

图 26.6 实验流程图

5.1 菌种活化

5.1.1 活化培养基配制

（1）活化培养基为 LB 液体培养基：胰蛋白胨 10g/L、酵母浸粉 5g/L、NaCl 10g/L。

（2）按上述配方称量药品，加热搅拌至完全溶化，加水至 1L，然后按 20% 体积装液量分装于 250mL 三角瓶中，用纱布与牛皮纸包扎瓶口，再于 121℃ 高压蒸汽灭菌 20min，冷却后待用。

5.1.2 接种：该过程需在超净工作台中进行。

（1）右手拿接种环，在酒精灯火焰上先将环端烧红灭菌，将灼烧过的接种环伸入菌种管，先使环接触边壁，使其冷却。

（2）待环冷却后轻轻挑取脱硫杆菌单菌落，然后将接种环移出菌种管，注意不要使环的部分碰到管壁，取出后不可使环通过火焰。

（3）在火焰旁迅速将带有脱硫杆菌菌种的接种环伸入已备好的活化培养基中，使环在液体与管壁接触的地方轻轻摩擦，使菌种分散，接种完成后包扎瓶口。

5.1.3 活化培养：将接入菌种后的三角瓶，置于摇床中，在温度36℃、转速180r/min下，培养3～7天。

5.2 发酵培养

5.2.1 发酵培养基配制

（1）培养基成分为：NH_4Cl 0.4g/L，$MgSO_4$ 0.8g/L，K_2HPO_4 4g/L，KH_2PO_4 4g/L，$Na_2S_2O_3$ 10g/L。

（2）按配方称取相应量的培养基各成分，搅拌使其溶解，加水至1L，调pH至6.5，按20%装液量分装于250mL三角瓶中，包扎好瓶口后待用。培养基配制过程中切记不要加热，否则会加速$Na_2S_2O_3$的氧化分解。

5.2.2 接种：于超净工作台中，将活化后的脱硫杆菌菌液以5%接种量接入配制好的发酵培养基中，包扎好瓶口。

5.2.3 发酵培养：在温度36℃、转速180r/min摇床中进行发酵培养，时间3～7天。

5.3 发酵液预处理

5.3.1 裂解液配制。在250mL三角瓶中配制尿素、两性表面活性剂和还原保护剂的水溶液。其中两性表面活性剂选3-[3-(胆酰胺丙基)二甲氨基]丙磺酸内盐，且浓度为40g/L；还原保护剂选巯基乙醇，且浓度为0.04mol/L；尿素浓度为8mol/L；配好后待用。

5.3.2 取发酵培养后所得的发酵液置于50mL离心管中，在转速12000r/min、温度4℃下离心，时间30min，然后过滤，去除上清液，收集下层沉淀。

5.3.3 称量所收集的下层沉淀质量，然后按1g下层沉淀与2mL裂解液的比例，将配好待用的裂解液按相应的量加入下层沉淀中。

5.3.4 加入裂解液后，于2℃下磁力搅拌4h，转速1500r/min，然后在-20℃冰箱中冷冻10h。

5.3.5 经冷冻后，在2℃下超声破碎，功率300W，超声时间8s，间隙5s，持续时间30min，破碎后在-20℃下冷冻10h，然后再次进行超声破碎，操作条件同前。

5.3.6 将经超声破碎后的混合液于温度4℃、转速8000r/min下离心，时间10min，取离心后所得的上清液，保存待用。

5.4 蛋白质分离纯化

5.4.1 取5mL上述离心后保存待用的上清蛋白质溶液于50mL离心管中，加入一定比例的有机混液，有机混液为乙醇、三氯甲烷和水的混合，且使乙醇∶三氯甲烷∶水∶蛋白质溶液（体积比）为4∶1∶3∶1，然后充分混匀振荡。

5.4.2 将上述混合液于8000r/min、4℃条件下离心10min，去除上清液，收集下层蛋白质。

5.4.3 在所收集的下层蛋白质中，在50mL烧杯中按有机溶剂与蛋白质的体积比4∶1，加入相应量的有机溶剂乙醇，然后充分搅拌混匀。

5.4.4 将5.4.3混合后的液体转移到50mL离心管中，再于8000r/min、4℃条件下离心10min，然后重复上步骤加入有机溶剂乙醇，离心，如此重复操作2～4次。

5.4.5 经离心后，去除上清液，收集下层蛋白质，在冻干机中于4℃下冷冻干燥10h，最后在0～4℃下密闭冷藏保存。

6 实验记录、计算与实验结果

将实验过程各步骤中所得到的与需要加入的相关物质的量，参考表26.2，如实填写入相应表格中，以便于后续实验数据的整理。

表 26.2　实验数据记录表

发酵液预处理				蛋白质分离纯化									
发酵液/mL	裂解液/mL	下层沉淀/g	上清液/mL	有机混液/mL	下层蛋白质/mL				乙醇/mL				蛋白质/g
					1	2	3	4	1	2	3	4	

7　思考题

7.1　常规的蛋白质分离纯化的方法是透析、离子交换色谱，请分析本实验中所使用的超速离心的方法的优缺点？

7.2　蛋白质分离纯化过程中，使用的有机溶剂乙醇和三氯甲烷的作用？

7.3　试分析本实验中蛋白质纯化的过程未涉及调节 pH 的原因？

8　注意事项

8.1　实验室常用的离心机转动速度快，要注意安全，特别要防止在离心机运转期间，因不平衡或试管垫老化，而使离心机边工作边移动，以致从实验台上掉下来，或因盖子未盖，离心管因振动而破裂后，玻璃碎片旋转飞出，造成事故。

8.2　超声时切忌空载，一定要将超声变幅杆插入样品后才能开机；探头要居中，不要贴壁；用完后用酒精擦洗探头或用清水进行超声。

8.3　在萃取后，溶剂与溶质要容易分离回收。

实验 27　植物细胞生理活性物质的提取与检测

1　实验目的

1.1　了解植物细胞提取和检测的方法及基本原理。

1.2　掌握植物叶片光合的测定方法、抗氧化酶活性、非结构性碳水化合物的提取与检测方法及其原理。

1.3　学习并掌握光合仪、湿度传感器、离心机、球磨仪等实验仪器的操作及其注意事项。

2　实验原理

通过对植物细胞内多种酶的提取与检测，可揭示人为（机动车、工厂排放）和自然（强光、高温下光化学反应）等途径中产生的臭氧（O_3）对植物的影响。光合生理上，O_3 进入气孔致其变小、导度下降，影响光合速率。高浓度 O_3 与干旱相继出现时，气孔关闭虽是应对 O_3 胁迫的保护措施，却会限制 CO_2 吸收，且二者交互作用受多因素影响，植物气孔响应机制取决于胁迫顺序。抗氧化方面，AsA-GSH 循环是主要途径，干旱胁迫增加叶片 GSH 含量，降低 O_3 伤害，但二者交互会降低抗氧化酶活性。对 TNC 而言，高浓度 O_3 与干旱降低光合速率，影响有机物积累，干旱迫使树木依赖 TNC 储存。

　　本实验利用研磨、冷冻离心等方法提取植物中的多种成分，并利用愈创木酚法、氮蓝四唑法、紫外比色法、考马斯亮蓝、高效液相色谱等方法对植物中抗氧化酶、过氧化氢酶、TNC 蛋白、可溶性糖等成分进行了检测。

3 实验器材

　　3.1 开顶式气室（OTCs）（图 27.1）。

图 27.1　开顶式气室（OTCs）

　　3.2 湿度传感器（图 27.2）。

　　3.3 Li-6400XT 便携式光合仪（图 27.3）。

 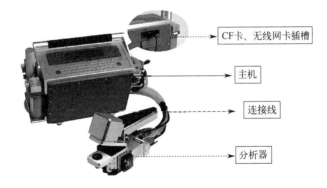

图 27.2　湿度传感器　　　　　图 27.3　Li-6400XT 便携式光合仪

　　3.4 紫外分光光度计。

　　3.5 高效液相色谱仪。

　　3.6 球磨仪（图 27.4）。

　　3.7 冷冻离心机（图 27.5）。

　　3.8 液氮罐（图 27.6）。

　　3.9 分析型纯水机。

　　3.10 水浴锅。

　　3.11 电子天平。

　　3.12 研钵。

　　3.13 锥形瓶。

图 27.4 球磨仪

图 27.5 冷冻离心机

图 27.6 液氮罐

3.14 容量瓶。

3.15 1mL、10mL、50mL 离心管。

3.16 移液枪。

3.17 烧杯。

3.18 玻璃棒。

3.19 量筒。

3.20 锡纸。

3.21 超低温冰箱。

4 实验材料、试剂

4.1 杨树叶片、细根。

4.2 愈创木酚、过氧化氢、磷酸缓冲液、醋酸缓冲液、甲硫氨酸溶液、EDTA-Na$_2$ 溶液、核黄素溶液、NBT 溶液、考马斯亮蓝 G250、乙醇、磷酸、牛血清白蛋白、80% 乙醇、高氯酸、蒽酮、淀粉标准液。

5 实验操作

5.1 杨树叶片光合速率的测定

采用 Li-6400XT 便携式光合仪（LI-COR，Inc.，Lincoln，NE，USA）测定杨树叶片饱和光合作用速率和气孔导度。具体方法为：在天气状况良好的晴天（实验期间 8 月和 9 月），选择在上午的 9:00—11:00 进行测定，选择的待测植株是从每个 OTC 中随机挑选 4～5 棵，再在每个植株的上部叶位选择 2～3 片叶片作为样本，分别记录每个叶片的净光合速率。完成上述测定之后，在 12:00—14:00 将杨树叶片剪下，将这些叶片统一用锡纸包起来之后马上转移到液氮罐里面保存，之后回到实验室马上放入零下 80℃ 的冰箱中做进一步冷冻，以供下一阶段样品的测定和分析。

5.2 抗氧化酶活性的提取与测定

准确称取 0.1g（误差不超过 0.001）的新鲜叶片，将其置于研钵中，迅速加入液氮进行研磨，5min 后再向研钵中加入 2mL 提取液，再充分研磨，直到变为匀浆为止。使用冷冻离心机，温度设置为 4℃，转速设定为 15000g，离心时间为 20min。之后将离心好的上清液转移到1mL离心管中，将其作为提取液进行测定。

5.2.1　POD酶的活性测定

测定POD酶的活性使用愈创木酚法，以吸光度值为A_{470}时，每分钟增加0.01为一个酶活性的单位。样品制备：取适量植物或果蔬组织样品，用研钵研磨成匀浆。加入适量磷酸缓冲液稀释，摇匀后离心，取上清液备用。取适量愈创木酚溶液和过氧化氢溶液，按一定比例混合后备用。注意过氧化氢溶液应现用现配，避光保存。取试管，加入一定量的反应液和酶提取液，充分混匀后静置10min。然后加入过氧化氢溶液启动反应，迅速摇匀后放入水浴锅中保持30℃反应15min。取出试管，加入蒸馏水终止反应。摇匀后用分光光度计在470nm波长处测定吸光度值。记录不同时间点下的吸光度值，用于计算POD活性。

5.2.2　SOD酶的活性测定

SOD酶的活性测定选择氮蓝四唑法，以抑制NBT的光化学还原50%的酶量为一个酶活性的单位。取杨树叶片，在预冷的研钵中加入预冷的磷酸缓冲液研磨成浆，然后离心得到上清液，即为SOD粗提液。取一定量的反应混合液和酶液，在光照条件下反应一段时间。同时设置对照管，以不加酶液的反应混合液作为对照。反应结束后，以不照光的对照管做空白，分别测定其他各管的吸光度。根据吸光度值计算SOD活性。

5.2.3　CAT酶的活性测定

测定CAT酶活性采用紫外比色法，以吸光度值在A_{240}，一分钟降低0.1为一个酶活单位。CAT酶，即过氧化氢酶，过氧化氢酶能够分解过氧化氢（H_2O_2），而H_2O_2在240nm处具有特征吸收峰。因此，当过氧化氢酶存在时，反应溶液在240nm处的吸光度会随反应时间的延长而降低。通过测量吸光度的变化率，可以计算出过氧化氢酶的活性。

5.2.4　APX酶的活性测定

APX酶活性以每分钟A_{290}降低0.1为一个酶活单位。将紫外分光光度计预热至稳定状态，调节波长至240nm。取一定量APX检测工作液于比色皿中，加入样品后混匀。立即开始计时，并测定初始吸光度A_1和一定时间后的吸光度A_2。

5.2.5　可溶性蛋白含量的测定

使用考马斯亮蓝G250法测定可溶性蛋白，以牛血清白蛋白（BSA）做标准曲线。

以上各种酶活性的测定均在冰浴中进行。

5.3　TNC的提取

在快速生长阶段（7月28日和29日）和生长阶段结束时（9月12日和13日）收获植物。每个OTC中收集四盆植株（2盆充分灌溉，2盆干旱处理），在6个罩子中一共收集24棵杨树。将叶片、茎以及根分别进行收集，叶片和茎直接放入信封中，随后放到烘箱里面，温度控制在105℃，时间控制在15～20min，对叶片进行杀青处理，之后将温度控制在65℃，直至烘干，到称量其生物量时再取出。根的处理是将其收集并用大量自来水清洗。洗净之后晾干，进行分根处理，选择的细根为直径2mm的根。烘干细根的方式与叶片和茎相同。将叶片和细根干样用球磨仪粉碎后分别测定可溶性糖和淀粉，总和即为TNC含量。

5.3.1　可溶性糖的测定

可溶性糖提取：分别将磨好的细根和叶片粉末状样品准确称取0.5g（误差不超过0.001）于体积200mL的锥形瓶中，向锥形瓶中加入50mL的超纯水，摇匀。之后进行高压蒸煮，时间为2h。待溶液冷却后，使用冷冻离心机，在温度为4℃，转速为15000g下离心10min。将得到的上清液转移到离心管中，这个溶液就是可溶性糖的提取液。

测定可溶性糖的各个组分（多糖、蔗糖、葡萄糖和果糖）的含量，采用高效液相色谱法（HPLC），检测器选用折射率检测器，色谱柱选择 Sugar-Pak 1 色谱柱，进行实验时的色谱柱温度设定为 70℃，蒸馏水用作移动液相（流速 0.6mL/min）。总可溶性糖含量为各个组分的总和。

5.3.2 淀粉的测定

淀粉提取：分别称取粉末状叶片 0.05g 和细根样品 0.5g 置于体积为 10mL 的离心管中，分别在每个离心管中加入 1mL 的超纯水，然后再加入体积为 5mL 质量分数为 80% 的乙醇溶液，将它们放置在涡旋振荡器上进行混匀，之后放入水浴锅中加热 10min，温度设为 80℃。之后进行冷却并在 4℃、15000r/min 条件下离心 10min，弃去上清液，并重复两次（去除可溶性糖的影响）。此时在得到的沉淀部分中，加 1mL 超纯水，并加 6mL 体积分数为 52% 的高氯酸溶液，然后水浴加热并离心（与上述方法一致）。之后将得到的上清液部分转移到体积 25mL 容量瓶中，用超纯水定容，最后将溶液进行过滤，得到的滤液全部转移到 50mL 容量瓶中，定容得到淀粉提取液。

测定叶片和细根的淀粉含量，利用高氯酸水解-蒽酮比色法。

6 实验结果与讨论

6.1 实验结果

6.1.1 测定杨树叶片饱和光合速率、气孔导度。

6.1.2 测定叶片抗氧化酶活性，计算酶活力。

6.1.3 高效液相色谱测量叶片、细根可溶性糖含量。

6.1.4 利用紫外分光光度计，通过比色计算淀粉含量。

6.2 讨论

6.2.1 光合仪的使用需要稳定，如果不稳定会有什么结果？

6.2.2 高氯酸水解-蒽酮比色法使用浓硫酸和高氯酸较为危险，能否换别的方法？

6.2.3 每一组的实验结果有一些差异，是哪一步存在较大的误差？

7 思考题

7.1 开顶式气室用来控制气体浓度的优势是什么？

7.2 测定蛋白质的方法除了考马斯亮蓝法还有哪些？

7.3 提取叶片的抗氧化酶活性时应该注意什么？

8 注意事项

便携式光合仪是研究植物生理生态不可或缺的工具之一，为了确保测量结果的准确性和可靠性，在使用便携式光合仪时需要注意以下事项。

8.1 仪器校准与保养

8.1.1 定期校准：使用前必须按照厂家提供的指南对仪器进行校准，确保测量值的准确性。特别是气体流量计、CO_2 浓度传感器、温度传感器等部件，由于长期使用可能会产生漂移，因此定期校准尤为重要。校准通常包括零点校准和跨度校准。零点校准是确保在没有 CO_2 的情况下仪器读数为零；跨度校准则是在已知浓度的 CO_2 环境中测量，以确保仪器的读数准确。

8.1.2 清洁保养：保持仪器的清洁，特别是叶室部分，避免灰尘、污物影响测量结果。

使用完毕后应及时清理，防止残留物腐蚀仪器。定期清洗和检查传感器，避免传感器表面有灰尘或异物影响测量精度。

8.2　实验环境控制

8.2.1　环境条件：光合作用受多种环境因素的影响，如光照强度、温度、湿度等。为了获得可比的数据，实验过程中应尽量控制这些环境条件的一致性。例如，可以在相同的时间段内多次测量，以减少日变化的影响。避免在极端天气条件下测量，如强风、暴雨等。

8.2.2　避免直射阳光：在户外实验时，应避免将仪器直接暴露在强烈的阳光下，以免温度过高影响测量结果。可以使用遮阳伞等设备来控制测量环境的温度和湿度。

8.3　样品选择与处理

8.3.1　代表性采样：选择具有代表性的植株部位进行测量，如叶龄相近、位置相似的叶片，以减少个体差异造成的误差。确保选取的叶片健康、成熟且无明显损伤，避免选取病叶或受损叶片。

8.3.2　叶片清洁：测量前应确保叶片表面清洁，避免灰尘或异物影响测量结果。如果叶片上有水分，应轻轻擦干后再进行测量。

8.3.3　适当预处理：有些实验可能需要对样品进行一定的预处理，比如暗适应处理以消除光合作用的瞬时效应。预处理的具体步骤应根据实验目的确定，并保持一致。

8.4　测量操作与记录

8.4.1　正确安装测量室：确保测量室内没有空气泄漏，测量室与叶片之间紧密贴合，避免外部气体进入影响测量结果。

8.4.2　控制测量时间：测量时间不宜过长，以避免叶片因长时间暴露于测量室内而受到损伤。通常测量时间为几分钟，具体时间根据实验设计确定。

8.4.3　详细记录：实验过程中应详细记录所有相关的环境参数和操作步骤，包括但不限于时间、地点、温度、湿度、光照强度等，以便后续的数据分析。

8.4.4　数据验证：每次实验后都应对收集到的数据进行初步检查，排除异常值。必要时可重复实验以验证结果的可靠性。

8.5　安全防护与合规操作

8.5.1　个人防护：实验过程中应注意个人防护，如佩戴手套、眼镜等，避免皮肤接触有害物质或眼睛受到强光刺激。

8.5.2　安全操作：避免直视强烈的光源，不要在高温、高湿或有毒气体环境中使用仪器，以免对仪器造成损害或影响测量结果。严格按照仪器的使用手册进行操作，避免操作不当导致的仪器损坏或测量结果的不准确性。

8.5.3　合规处理废弃物：妥善处理实验过程中产生的废弃物，避免对环境造成污染。按照当地的环保法规处理废弃物，确保不会对环境造成二次污染。

实验 28　质粒 DNA 的分离与鉴定

1　实验目的

1.1　掌握通过质粒快速提取试剂盒的试剂对大肠杆菌中的重组质粒 pET22b 的抽提。

1.2　掌握质粒 DNA 的小量制备方法。

1.3　了解碱裂解法制备质粒 DNA 的原理。

1.4　了解琼脂糖凝胶电泳原理。

1.5　学习琼脂糖凝胶电泳操作。学会分析琼脂糖凝胶电泳结果。

2　实验原理

2.1　质粒 DNA 的分离

质粒 DNA 小量制备是基因工程常规技术，提取产物可用于酶切、连接与转化等操作。其分离原理基于 DNA 分子大小、碱基组成及质粒超螺旋结构特性，常用方法包括碱变性抽提法、溴化乙锭-氯化铯密度梯度离心法等。前者经济高效但操作需谨慎，适用于常规克隆；后者纯度高、步骤稳定，尤其适合大分子低拷贝质粒。提取的质粒一般有三种结构形态（图 28.1）。

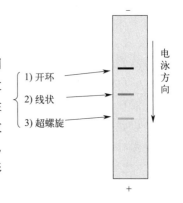

图 28.1　抽提出的质粒三种构型电泳结果

2.2　琼脂糖凝胶电泳技术

琼脂糖凝胶电泳是一种常用的电泳技术，适用于核酸（如 DNA）的分离、鉴定和分析。琼脂糖在加热溶解、冷却过程中会形成一种三维网络结构，这种结构具有许多微小的孔隙，能够捕获和分离 DNA 分子。原理见图 28.2。

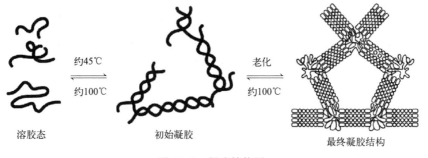

图 28.2　凝胶结构图

琼脂糖凝胶电泳分离 DNA 的原理主要基于分子筛效应和电场驱动，分子筛效应与琼脂糖凝胶的孔隙大小和琼脂糖的浓度密切相关。通贯凝胶的电场接通后，在中性 pH 值下带负电荷的 DNA 向阳极迁移，核酸分子量越大，移动越慢。用 $0.1\mu L/mL$ 绿如蓝（ExGreen）对含有 DNA 琼脂糖凝胶染色，在紫外灯下可以直接确定 DNA 片段在凝胶板中的位置。利用琼脂糖凝胶电泳相对于已知大小的标准 DNA 的移动度，可测定 DNA 片段的分子量。

3　实验器材

3.1　高速离心机。

3.2　核酸电泳仪（图 28.3）。

3.3　制备凝胶模具盒（图 28.4）。

3.4　凝胶成像系统。

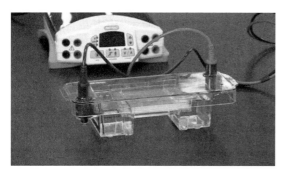

图 28.3　核酸电泳仪

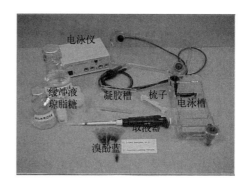

图 28.4　制备凝胶模具盒

4　实验试剂

4.1　已培养的菌液。

4.2　质粒快速提取试剂盒。

4.3　无水乙醇。

4.4　琼脂糖凝胶（1.0%）：取 1.0g 琼脂糖，加入至 100mL 的 1×TAE（Tris-乙酸缓冲液）电泳缓冲液中，微波炉煮沸 5min，冷却至 60℃后加入绿如蓝（ExGreen）（0.1μL/mL）。

4.5　电泳缓冲液：10×TAE 25mL 用去离子水稀释至 250mL。

4.6　Marker 及 Loading Buffer。

5　实验操作

5.1　准备工作

5.1.1　试剂公司将质粒快速提取试剂盒送到实验室后，应立即将已加 RNase A 的 K1 置于 4℃冰箱保存。

5.1.2　K2 及 K3 溶液出现浑浊现象，将瓶盖拧松后置于微波炉连续加热 10～15s，或 37℃水浴几分钟，即可恢复澄清，摇匀后使用。不要直接接触 K2 及 K3 溶液，确保每使用完一种试剂后，立即盖紧该试剂瓶的瓶盖。

5.1.3　使用前，必须在漂洗液 W2 中加入 55mL 无水乙醇，充分混匀后使用。

5.2　实验步骤

5.2.1　收集菌体：收集 2.0mL 菌液于 2.0mL Eppendorf 离心管中，12000r/min 离心 1min，彻底弃去上清液，管底保留沉淀菌体。如果菌体量太少，可再重复收集一次。

5.2.2　重悬菌体：加入 250μL K1，用移液器或振荡器彻底悬浮细菌。

5.3　注意事项

5.3.1　为了获得高质量的质粒 DNA，培养细菌的时间不宜过长，一般为 12h。如果是高拷贝质粒，1.5mL 细菌将获得足够的 DNA；对于低拷贝数的质粒，用 5mL 细菌。质粒如果用于全自动荧光测序，用 5mL 细菌，无需提高 K1、K2、K3 的用量。

5.3.2　细菌沉淀中加入 K1 后，一定要彻底悬浮，否则抽提质粒 DNA 的纯度及获得率会大大降低。

5.4　裂解菌体：加入 250μL K2，立即轻柔颠倒离心管 3～5 次或用手指轻弹管底，使菌体充分裂解，裂解后的菌液变得清亮，置室温 2min 左右。注意：如果是同时抽提多个样品，加入一管，混匀一管，不要采用全部加入后再混匀的方法，计时从加入第一管时开始。

5.5 沉淀除杂：加入 $350\mu L$ K3，立即温和颠倒离心管 $3\sim5$ 次，使之中和，即出现白色絮状沉淀。$12000r/min$ 离心 $1min$，无需低温离心。注意：溶液 K3 加入后立即混合，避免产生局部沉淀。如果上清液中还有微小白色沉淀，可再次离心后取上清液。

5.6 吸附纯化：将上一步收集的上清液用移液器移到吸附柱中（吸附柱放入收集管中），注意尽量不要吸出沉淀。$12000r/min$ 离心 $1min$，倒掉收集管中的废液，将吸附柱放入收集管中。注意：静置 $2min$ 可提高 $5\%\sim10\%$ 提取量。

5.7 可选步骤：向吸附柱中加入 $500\mu L$ 去蛋白质液 W1，$12000r/min$ 离心 $30\sim60s$，倒掉收集管中的废液，将吸附柱重新放回收集管中。如果宿主菌是 end A^+ 宿主菌（TG1，BL21，HB101，JM 系列，ET12567 等），这些宿主菌含有大量的核酸酶，易降解质粒 DNA，推荐采用此步。此步骤可能会影响质粒的得率。如果宿主菌是 end A^- 宿主菌（DH5a；TOP10 等），这步可省略。

5.8 漂洗：向吸附柱中加入 $500\sim600\mu L$ 漂洗液 W2，$12000r/min$ 离心 $20s$，倒掉收集管中的废液，将吸附柱放入收集管中。

5.9 重复步骤 5.8 一次。

5.10 空离：将吸附柱放入收集管中，$12000r/min$ 离心 $1min$，目的是将吸附柱中残余的漂洗液去除。

5.11 洗脱：将吸附柱置于一个干净的离心管中，向吸附柱上吸附膜的中间部位滴加 $80\sim150\mu L$ 洗脱缓冲液 TE，室温放置 $1min$，$12000r/min$ 离心 $1min$，将质粒溶液收集到离心管中。注意：为了增加质粒的回收效率，可将得到的溶液重新加入离心吸附柱中，重复步骤 5.10。洗脱液的 pH 值对于洗脱效率有很大影响。若用水做洗脱液，应保证其 pH 值在 $7.0\sim8.5$ 范围内（可以用 NaOH 将水的 pH 值调到此范围），pH 值低于 7.0 会降低洗脱效率。

洗脱缓冲液体积不应少于 $60\mu L$，体积过小影响回收效率。且 DNA 产物应保存在 $-20℃$，以防 DNA 降解。

5.12 质粒 Agarose 电泳：1% 琼脂糖凝胶，$1\times$ TAE（Tris-乙酸缓冲液），$100mL$ 凝胶加绿如蓝 $10\mu L$，$6\times$ Loading Buffer $0.5\sim1\mu L$，膜板（质粒）$3\mu L$，混匀。质粒 Agarose 电泳参数：电泳仪的电压 $200V$，电流 $500mA$，功率 $250W$。电泳时间为 $40min$，一般过中线（图 28.5）。

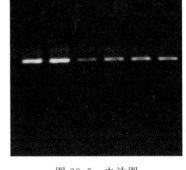

质粒凝胶电泳图：一般结果为 2 条带，即：超螺旋的共价闭合状质粒（最亮的那条带），线状质粒（不太亮的那条带）。有时还会出现一条带是开环质粒。

图 28.5 电泳图

主要操作步骤见图 28.6：

6 思考题

6.1 在提取过程中用到以下三种主要溶液：溶液 K1（$50mmol/L$ 葡萄糖/RNase A）；溶液 K2（$0.2mol/L$ NaOH）；溶液 K3（$3mol/L$ 醋酸钾/$2mol/L$ 醋酸/75%酒精）。解释各试剂在提取中的作用。

6.2 电泳结束后，如何判断 DNA 样品分子量大小？

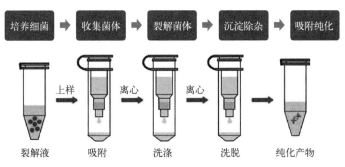

图 28.6　主要操作流程示意图

7　注意事项

7.1　各步骤的注意事项，已在各步的实验操作中有所提及，请事先认真阅读。

7.2　如果起始菌液体积较大，K1、K2、K3 的用量应相应扩大，但要确保比例关系为：K1∶K2∶K3＝2∶3∶3。

7.3　对于大质粒（＞10kb），在吸附柱中加入 $50\mu L$ 洗脱缓冲液后，55℃水浴 5min，再离心 1min。

7.4　如果出现以下问题则可能的原因有：

7.4.1　得率低

7.4.1.1　如果 RNA 污染，可能：菌体过量；RNase A 失效。

7.4.1.2　如果基因组 DNA 污染，可能：洗脱液 pH＜7.0；洗脱温度过低；洗脱液未加在吸附膜中央；步骤 5.6 将上清液移入吸附柱时，吸入了絮状蛋白质。

7.4.2　质量低

如果是基因组 DNA 污染，可能：加入溶液 K1 后室温放置时间超过 5min；加入 K2 和 K3 后混匀动作不温和；吸附柱上的样品离心不下去，样品中有较大量蛋白质。

7.5　由于在紫外灯下显现荧光的绿如蓝（ExGreen）是以嵌入 DNA 分子的方式来进行 DNA 位置标记的，所以采用带紫外光源的凝胶成像系统显像拍照。

参 考 文 献

［1］ 欧阳平凯，胡永红，姚忠. 生物分离原理及技术 ［M］. 北京：化学工业出版社，2010.
［2］ 曹学君. 现代生物分离工程 ［M］. 上海：华东理工大学出版社，2011.
［3］ 严希康. 生物物质分离工程 ［M］. 北京：化学工业出版社，2010.
［4］ 陈芬. 生物分离与纯化技术 ［M］. 武汉：华中科技大学出版社，2012.
［5］ 叶勤. 现代生物技术原理及其应用 ［M］. 北京：中国轻工业出版社，2003.
［6］ 罗云波，生吉萍，郝彦玲. 食品生物技术导论 ［M］. 北京：中国农业大学出版社，2016.
［7］ 陈坚，刘立明，堵国成，等. 发酵过程优化原理与技术 ［M］. 北京：化学工业出版社，2009.
［8］ 何建勇. 生物制药工艺学（供药学类专业用）［M］. 北京：人民卫生出版社，2007.
［9］ 陈维扭. 超临界流体萃取的原理和应用 ［M］. 北京：化学工业出版社，1998.
［10］ 何炳林. 离子交换与吸附树脂 ［M］. 上海：上海科技教育出版社，1995.
［11］ 韩布兴. 超临界流体科学与技术 ［M］. 北京：中国石化出版社，2005.
［12］ 余润兰. 生物分离科学与工程 ［M］. 长沙：中南大学出版社，2018.
［13］ 蒋剑春. 活性炭制造与应用技术 ［M］. 北京：化学工业出版社，2018.
［14］ 沈曾民，张文辉，张学军. 活性炭材料的制备与应用 ［M］. 北京：化学工业出版社，2006.
［15］ 傅若农. 色谱分析概论 ［M］. 北京：化学工业出版社，2000.
［16］ 苏立强，郑永杰. 色谱分析法 ［M］. 北京：清华大学出版社，2017.
［17］ 师宇华，费强，于爱民，等. 色谱分析 ［M］. 北京：科学出版社，2015.
［18］ 于世林，图解高效液相色谱技术与应用 ［M］. 北京：科学出版社，2009.
［19］ 沃兴德. 蛋白质电泳与分析 ［M］. 北京：军事医学科学出版社，2009.
［20］ 赵永芳. 生物化学技术原理及应用 ［M］. 北京：科学出版社，2005.
［21］ 王湛. 膜分离技术基础 ［M］. 北京：化学工业出版社，2008.
［22］ 李国昌. 结晶学教程 ［M］. 北京：国防工业出版社，2008.
［23］ 贾冬梅. 结晶与吸附技术分离有机物 ［M］. 北京：科学出版社，2008.
［24］ 徐成海. 真空干燥技术 ［M］. 北京：化学工业出版社，2012.
［25］ 谢宁昌. 生物化学实验多媒体教程 ［M］. 上海：华东理工大学出版社，2006.
［26］ 格林 M R，萨姆布鲁克 J. 分子克隆实验指南 ［M］. 陈薇，杨晓明，等译. 4 版. 北京：科学出版社，2017.
［27］ Sivasankar B. Bioseparations：Principles and Techniques ［M］. PHI Learning Private Limited，2006.
［28］ Kumar Ajay，Abhishek Awasthi. Bioseparation Engineering：A Comprehensive DSP Volume ［M］. I. K. International Publishing House Pvt Ltd，2015.
［29］ Michael C Flickinger. Encyclopedia of Industrial Biotechnology：Bioprocess，Bioseparation，and Cell Technology ［M］. Wiley，2010.